农村人居环境整治系列丛书

农村污水处理
政策与知识问答

NONGCUN WUSHUI CHULI
ZHENGCE YU ZHISHI WENDA

侯立安 席北斗 李晓光 主编

中国农业出版社
农村读物出版社
北 京

编 写 人 员

主　　编： 侯立安　席北斗　李晓光

副 主 编： 张列宇　李曹乐　吕　溥　黎佳茜

参编人员： 李国文　李　伟　赵　琛　车璐璐

祝秋恒　陈凤鸣　张少康　田启国

何婷婷　郝　禹

主编简介

侯立安　中国工程院院士，中国人民解放军火箭军工程大学教授、博士生导师。长期致力于环境工程领域的科学研究、工程设计和技术管理工作，在饮用水安全保障、分散点源生活污水处理和人居环境空气净化等方面取得多项突破性研究成果。获国家科技进步奖6项，军队、省部级科技进步奖和教学成果奖31项，国家专利31项；出版专著8部，编写国家军用标准5项，发表学术论文300余篇。

席北斗　研究员，博士生导师，中国环境科学研究院总工程师。长期从事农村环境综合整治、固体废物处理处置及地下水污染防治研究。累计发表SCI论文160篇（第一或通讯作者），出版中英文学术著作9部（第一完成人），授权发明专利74件、国际PCT专利8件，获国家技术发明二等奖2项、国家科学技术进步二等奖1项、光华工程科技奖1项。

李晓光　博士，中国环境科学研究院副研究员。主要从事农村生活污水治理、固废资源化利用等研究。累计发表中文核心20余篇，SCI文章10篇，授权发明专利16项，参编农村污水处理技术规范、指南3项，参编专著3部。

PREFACE

—— 前 言 ——

随着我国农村经济的快速发展和城镇化进程的加快，农村污水产生量日益增加，农村污水的大量排放严重影响农村环境，危害村民身体健康。农村污水治理一直是我国农村人居环境整治的突出短板。党的十八大以来，习近平总书记多次作出重要指示批示，强调建设好生态宜居的美丽乡村，让广大农民有更多获得感、幸福感。国务院总理李克强强调以垃圾、污水为重点加强环境治理，建设美丽宜居乡村；国务院副总理胡春华强调农村生活污水治理事关如期全面建成小康社会，事关实施乡村振兴战略实现良好开局。

在党中央、国务院大政方针的正确指引下，国家相继出台《水污染防治行动计划》《农村人居环境整治三年行动方案》《全国农村环境综合整治“十三五”规划》《关于推进农村生活污水治理的指导意见》《关于加快制定地方农村污水处理排放标准的通知》等多项涉及农村污水治理指导文件，对农村污水处理提出了明确要求。到2020年，新增完成环境综合整治的建制村13万个。经过整治的村庄，2020年农村生活污水处理率不小于60%。

农村污水处理是一项惠及人民群众的民生工程，农民是最主要的参与者。然而，在广大的农村地区，由于教育水平、专业技能等原因，农民在农村污水治理方面的知识较为缺乏，影响了公众在农村污水治理中的参与度。基于此，我们组织编写了《农村污水处理政策与知识问答》一书，以一问一答的形式，解读关于农村污水处理的基础知识、政策法规、污染危害、技术模式、组织实施与管理机制等内容。本书集科学性、通俗性、生动性于一体，以通俗易懂的语言，图文并茂的形式，生动翔实、深入浅出地向公众传播农村污水处理基本常识，有助于提高农村居民的环保意识和科学水平，激发老百姓参与农村污水治理的积极性和主动性，不断提高农民群众的获得感和幸福感。

全书由侯立安、席北斗、李晓光主编，共分五章。具体编著人员及分工如下：第1章由李晓光、赵琛、李伟编写；第2章由席北斗、李国文编写；第3章由李曹乐、黎佳茜编写；第4章由侯立安、席北斗、李晓光编写；第5章由吕溥、张列宇编写。本书由侯立安、席北斗总体策划，李晓光统稿，编写过程中也参考了该领域诸多专家学者的研究结果，得到了很多学者和同行的帮助。参考文献附后，有些引述的内容未能注明出处，在此向这些作者表示歉意，并致以深深的谢意。

限于编写水平与时间有限，书中不足及疏漏之处在所难免，敬请各位同仁和广大读者批评指正。

编　者

2019年12月

CONTENTS

—— 目 录 ——

第二章 政策法规

第三章　污染危害

第四章　技术模式

第五章 组织实施与管理机制

第一章 基础知识

1 什么是农村生活污水？来源有哪些？

农村生活污水是指居民生活过程中所排放的污水，主要来源有粪尿、洁具冲洗、洗浴、洗衣、厨房用水、房间清洁用水。

2 什么是“黑水”和“灰水”？

“黑水”主要指冲洗厕所粪便产生的高浓度生活污水。

“灰水”是指除冲厕用水以外的厨房用水、洗衣和洗浴用水等低浓度生活污水。

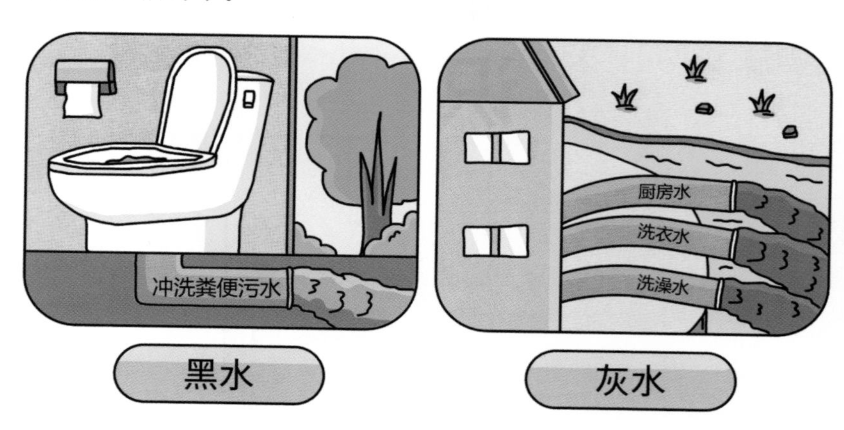

3 农村生活污水的水质指标有哪些？

农村生活污水水质一般从物理、化学和生物三个方面来描述。

物理性指标：悬浮物(SS)、臭味、水温、色度等。

化学性指标：pH、化学需氧量（COD）、生化需氧量(BOD)、总氮（TN）、氨氮(NH_3-N)、硝态氮（NO_3^--N)、亚硝态氮（NO_2^--N)、总磷(TP)、油和油脂等。

生物性指标：细菌总数、大肠菌群数。

4 我国农村生活污水的污染情况怎么样？

农村生活污水排放造成的环境污染日趋严重。2018年，我国乡村人口为5.64亿（国家统计局统计年鉴，2019)，农村居民人均日生活用水量83升，排放系数按0.8估算，2018年农村生活污水累计排放136.7亿立方米。

我国农村污水处理率较低，截至2016年，村镇污水处理率仅为22%，远低于城镇90%以上的污水处理率。未经处理的农村生活污水自流进入河流、湖泊和池塘等

地表水体或渗入地下，严重超过水体自净能力，已成为引发河、沟、塘、池等水体富营养化或黑臭的主要原因之一。同时，生活污水也是疾病传染扩散的源头，容易造成地区传染病和人畜共患病的发生与流行。

5 农村生活污水有哪些特征？

（1）来源广泛。农村生活污水包括冲厕水、洗涤水、洗浴水和厨房排水等。

（2）难于收集。农村居民居住分布广泛且较为分散，造成污水分散排放，多数村庄无污水排放管网，污水收集率低，以直接排放为主，污水沿道路边沟或路面排放至就近的水体。

（3）排放量大。随着城镇化进程加快，农村常住人口逐年减少，虽然农村生活污水排放量呈现降低趋势，但排放量依然非常巨大，2018年农村生活污水累计排放136.7亿立方米。

（4）处理率低。我国农村污水处理率较低，2016年，村镇污水处理率仅为22%。大量农村生活污水未经处理排出，已成为农村湖泊和河流富营养化等环境污染的主要原因之一。

(5) 产生量区域差异大。我国东北、华北、东南、西北、西南、中南等地区农村生活用水量和排水量差异显著，呈现经济发达地区高于经济落后地区，南方地区高于北方地区的趋势。

(6) 水量日变化系数大。农村生活污水排放量出现早、中、晚3个峰值，日变化系数为3.0 ～ 5.0，约为城镇污水排放量变化系数的2倍。

6 什么是化学需氧量（COD）？

化学需氧量（chemical oxygen demand, COD）是在酸性条件下，采用强氧化剂（重铬酸钾或高锰酸钾）将水中的还原性物质（主要是有机物，亦包括亚硝酸盐、硫化物、亚铁盐等还原性无机物）完全氧化所消耗的氧化剂量。

COD是表示水中还原性物质多少的一项指标，以通过换算得到的单位体积水消耗的氧量（单位：毫克/升）表示，是反映水中有机物含量的指标。当用重铬酸钾做氧化剂时，测得值为COD_{Cr}，简称COD；当用高锰酸钾作氧化剂时，测得值为COD_{Mn}。重铬酸

钾氧化性较高锰酸钾强，测定的 $COD_{Cr} > COD_{Mn}$。COD能够反映出水体的污染程度，其值越大，说明水体受有机物的污染越严重。

7 什么是生化需氧量（BOD）？

生化需氧量（bio-chemical oxygen demand），BOD是在水温20℃、有氧条件下，由于好氧微生物（主要是细菌）的代谢活动，将水中可生化降解有机物氧化分解所消耗的溶解氧量，单位是毫克/升。因此，生化需氧量的大小能反映水体中有机物质含量的多少，反映水体受有机物污染的程度。如果进行生物氧化的时间为5天就称为五日生化需氧量（BOD_5）。

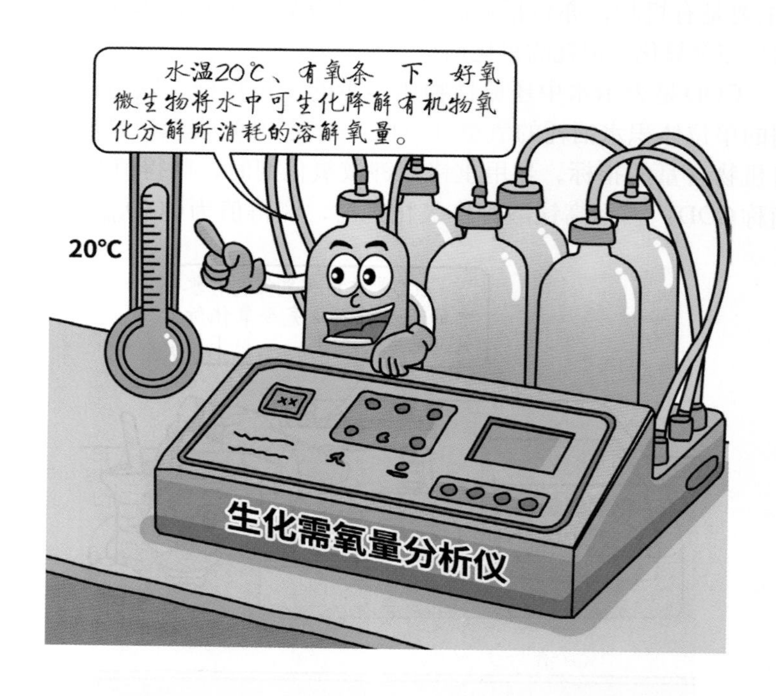

8 水体中的总氮包括哪些？

总氮（TN）是指水中一切含氮化合物以氮计量的总和，由有机氮、氨氮、硝态氮和亚硝态氮组成。

9 水体中的总磷包括哪些？

总磷（TP）是指水体中各种形态磷的总称，包括可溶性有机磷和无机磷。

10 农村生活污水中的氮来自哪儿？

（1）洗涤污水。洗涤污水占生活污水总量的50%以上，含大量的氮、磷等元素，是农村生活污水中氮的主要来源。

（2）厕所污水。厕所污水是农村生活污水中氮、磷、COD、细菌、病毒的主要贡献者。

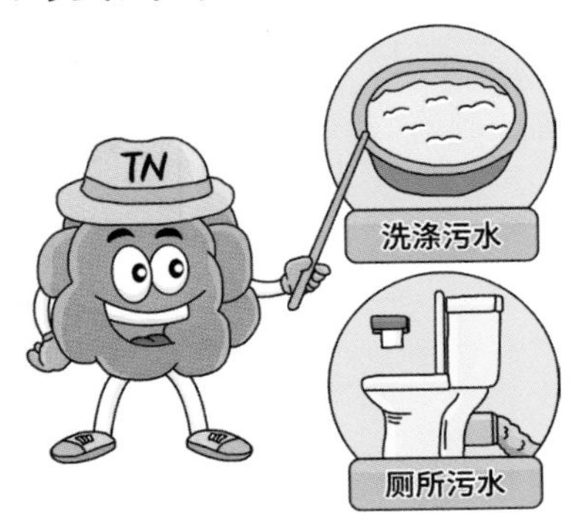

11 农村生活污水中的磷来自哪儿？

农村生活污水中的磷主要来源于含磷洗衣粉洗涤废水、厕所粪尿及食物残渣等。

12 农村生活污水的臭味来自哪儿？

农村生活污水的臭味主要来源于污水中的含碳、硫、氮等元素的有机物在没有氧气存在的厌氧环境下，被厌氧微生物分解产生有刺激性气味的挥发性脂肪酸、硫化氢、氨气、臭粪素等。

第二章 政策法规

13 国家对农村生活污水治理提出具体要求的法律和指导文件有哪些？

近些年，国家对农村生活污水治理提出具体要求的法律和指导文件主要有：

（1）《中华人民共和国环境保护法》（2014年修订）

（2）《中华人民共和国水污染防治法》（2017年修正）

（3）《水污染防治行动计划》，简称“水十条”，国务院，2015

（4）《“十三五”生态环境保护规划》，国务院，2016

（5）《全国农村环境综合整治“十三五”规划》，环水体〔2017〕18号

（6）《农村人居环境整治三年行动方案》，中共中央办公厅、国务院，2018

（7）《农业农村污染治理攻坚战行动计划》，环土壤〔2018〕143号

（8）《中共中央国务院关于实施乡村振兴战略的意见》，中共中央、国务院，2018

（9）《关于加快制定地方农村污水处理排放标准的通知》，环办水体函〔2018〕1083号

（10）《关于推进农村生活污水治理的指导意见》，中农发〔2019〕14号

14 《水污染防治行动计划》对农村环境治理有什么要求？

2015年4月国务院印发的《水污染防治行动计划》，提出了2016—2020年农村环境治理的明确目标，要加快农村环境综合整治，以县级行政区域为单元，实行农村污水处理统一规划、统一建设、统一管理，有条件的地区积极推进城镇污水处理设施和服

务向农村延伸。深化“以奖促治”政策，实施农村清洁工程，开展河道清淤疏浚，推进农村环境连片整治。到2020年，新增完成环境综合整治的建制村13万个。

15 《“十三五”生态环境保护规划》对农村污水治理提出了什么要求？

2016年国务院印发《“十三五”生态环境保护规划》，该规划要求：继续推进农村环境综合整治，整县推进农村污水处理统一规划、建设、管理。积极推进城镇污水、垃圾处理设施和服务向农村延伸，开展农村厕所无害化改造。到2020年，新增完成环境综合整治建制村13万个。

16 《全国农村环境综合整治“十三五”规划》对农村污水治理提出什么要求？

《全国农村环境综合整治“十三五”规划》中，农村污水治理问题再次被重点提及。到2020年，新增完成环境综合整治的建制村13万个，累计达到全国建制村总数的1/3以上。加强生活污水处理设施建设，包括污水收集管网、集中式污水处理设施或人工湿地、氧化塘等分散式处理设施。经过整治的村庄，2020年生活污水处理率≥60%。

17 《农村人居环境整治三年行动方案》对农村生活污水治理有什么要求？

2018年年初，中共中央办公厅和国务院办公厅联合印发了《农村人居环境整治三年行动方案》这一非常重要的纲领性文件。对农村生活污水治理提出了明确要求：

到2020年，实现农村人居环境明显改善，村庄环境基本干净整洁有序，村民环境与健康意识普遍增强。（1）东部地区、中西部城市近郊区等有基础、有条件的地区，人居环境质量全面提升，农村生

活污水治理率明显提高。(2) 中西部有较好基础、基本具备条件的地区，人居环境质量较大提升，生活污水乱排乱放得到管控。(3) 地处偏远、经济欠发达等地区，在优先保障农民基本生活条件基础上，实现人居环境干净整洁的基本要求。

18 《农业农村污染治理攻坚战行动计划》对农村生活污水治理提出什么要求？

《农业农村污染治理攻坚战行动计划》(环土壤〔2018〕143号) 明确要求：梯次推进农村生活污水治理。各省（区、市）要区分排水方式、排放去向等，加快制修订农村生活污水处理排放标准，筛选农村生活污水治理实用技术和设施设备，采用适合本地区的污水治理技术和模式。以县级行政区域为单位，实行农村生活污水处理统一规划、统一建设、统一管理，优先整治南水北调东线中线水源地及其输水沿线、京津冀、长江经济带、环渤海区域及水质需改善的控制单元范围内的村庄。到2020年，确保新增完成13万个建制村的环境综合整治任务。开展协同治理，推动城镇污水处理设施和服务向农村延伸，加强改厕与农村生活污水治理的有效衔接，将农村水环境治理纳入河长制、湖长制管理。到2020年，东部地区、中西部城市近郊区的农村生活污水治理率明显提高；中西部有较好基础、基本具备条件的地区，生活污水乱排乱放得到管控。

19 《关于推进农村生活污水治理的指导意见》对农村生活污水治理有什么要求?

《关于推进农村生活污水治理的指导意见》(中农发〔2019〕14号)明确指出:到2020年,东部地区、中西部城市近郊区等有基础、有条件的地区,农村生活污水治理率明显提高,村庄内污水横流、乱排乱放情况基本消除,运维管护机制基本建立;中西部有较好基础、基本具备条件的地区,农村生活污水乱排乱放得到有效管控,治理初见成效;地处偏远、经济欠发达等地区,农村生活污水乱排乱放现象明显减少。

20 与农村污水处理相关的标准、规范、指南有哪些?

(1)《地表水环境质量标准》(GB 3838—2002)

(2)《城镇污水处理厂污染物排放标准》(GB 18998—2002)

(3)《农田灌溉水质标准》(GB 5084—2005)

（4）《村庄整治技术规范》（GB 50445—2008）

（5）《镇（乡）村排水工程技术规程》（CJJ 124—2008）

（6）《农村生活污染控制技术规范》（HJ 574—2010）

（7）《小型生活污水处理成套设备》（CJ/T 355—2010）

（8）《农村生活污水处理技术指南（试行）》（住建部，2010）

（9）《农村生活污染防治技术政策》（环发〔2010〕20号）

（10）《村庄污水处理设施技术规程》（CJJ/T 163—2011）

（11）《农村环境连片整治技术指南》（HJ 2031—2013）

（12）《户用生活污水处理装置》（CJ/T 441—2013）

（13）《农村环境连片整治技术指南》（HJ2031—2013）

（14）《农村生活污水处理项目建设与投资指南》（环发〔2013〕130号）

（15）《国家生态文明建设示范村镇指标（试行）》》（环发〔2014〕12号）

（16）《美丽乡村建设指南》（GB/T 32000—2015）

（17）《污水自然处理工程技术规程》（CJJ/T 54—2017）

（18）《农村生活污水处理导则》（GB/T37071—2018）

（19）《农村生活污水处理工程技术标准》（GB/T51347—2019）

21 农村生活污水处理技术指南包括哪些?

为推进农村生活污水治理，2010年住房和城乡建设部组织编制了东北、华北、东南、中南、西南、西北6个地区的农村生活污水处理技术指南。

（1）东北地区农村生活污水处理技术指南

（2）华北地区农村生活污水处理技术指南

（3）西北地区农村生活污水处理技术指南

（4）中南地区农村生活污水处理技术指南

（5）西南地区农村生活污水处理技术指南

（6）东南地区农村生活污水处理技术指南

指南作为农村污水处理的技术指导，是可供住房城乡建设部门、设计单位、农村基层组织和其他农村用户使用的农村污水治理指导性技术文件。

22 《关于加快制定地方农村生活污水处理排放标准的通知》对地方农村污水处理的总体要求是什么？

《关于加快制定地方农村生活污水处理排放标准的通知》（环办水体函〔2018〕2083号）对地方农村污水处理的总体要求是：农村生活污水治理，要以改善农村人居环境为核心，坚持从实际出发，因地制宜采用污染治理与资源利用相结合、工程措施与生态措施相结合、集中与分散相结合的建设模式和处理工艺。推动城镇污水管网向周边村庄延伸覆盖。积极推广易维护、低成本、低能耗的污水处理技术，鼓励采用生态处理工艺。加强生活污水源头减量和尾水回收利用。充分利用现有的沼气池等粪污处理设施，强化改厕与农村生活污水治理的有效衔接，采取适当方式对厕所粪污进行无害化处理或资源化利用，严禁未经处理的厕所粪污直排环境。

23 制定农村生活污水处理排放标准的原则有哪些？

农村生活污水处理排放标准的制定，需充分考虑农村不同区位条件、村庄人口聚集程度、污水产生规模、排放去向、人居环境改善等情况，采用分区分级、宽严相济、回用优先、注重实效、便于监管的原则，分级、分区和分类地制定农村生活污水处理排放标准，确定控制指标和排放限值。

24 《关于加快制定地方农村生活污水处理排放标准的通知》对农村污水处理排放的控制指标和排放限值提出了哪些要求？

农村生活污水处理排放去向可分为直接排入水体、间接排入水体、出水回用3类。

——出水直接排入环境功能明确的水体，控制指标和排放限值应根据水体的功能要求和保护目标确定。出水直接排入Ⅱ类和Ⅲ类水体的，污染物控制指标至少应包括化学需氧量（COD）、pH、悬浮物（SS）、氨氮（NH_3-N）等；出水直接排入Ⅳ类和Ⅴ类水体的，污染物控制指标至少应包括化学需氧量（COD）、pH、悬浮物（SS）等。出水排入封闭水体或超标因子为氮磷的不达标水体，控制指标除上述指标外应增加总氮（TN）和总磷（TP）。

——出水直接排入村庄附近池塘等环境功能未明确的小微水体，控制指标和排放限值的确定，应保证该受纳水体不发生黑臭。

——出水流经沟渠、自然湿地等间接排入水体，可适当放宽排放限值。

——出水回用于农业灌溉或其他用途时，应执行国家或地方相应的回用水水质标准。

——各省（自治区、直辖市）可在上述要求基础上，结合污水处理规模、水环境现状等实际情况，合理制定地方排放标准，并明确监测、实施与监督等要求。

25 已制定或实施的地方农村污水处理排放标准有哪些？

截至2019年年底，宁夏、北京、陕西、浙江、山西、河北、重庆、山东、河南、福建、湖南、天津、广东、甘肃、江西、四川、辽宁、黑龙江、上海、江苏、安徽、湖北、海南、贵州、云南、新疆等26个省（自治区、直辖市），已制定或实施了地方农村污水处理排放标准，用于指导当地农村污水排放。尚未制定农村生活污水排放标准的省份，农村生活污水的排放主要参考《城镇污水处理厂污染物排放标准》（GB 18918—2002）和《污水综合排放标准》（GB 8978—1996）执行。

第三章 污染危害

26 什么是水体富营养化？

水体富营养化是指由于人类生活和生产劳动，导致大量含氮、磷等的营养物质进入河、湖、海湾等缓流水体，引起藻类及其他浮游生物迅速繁殖，水体溶解氧量下降，水质恶化，鱼类及其他生物大量死亡的现象。

27 水体富营养化的主要危害有哪些？

（1）破坏水体生态环境。水体富营养化发生后，水体透明度降低，阳光难以穿透水层，从而影响水中植物的光合作用，造成溶解氧的过饱和状态，造成水体水质恶化，对水生动植物构成危害。同时，底层堆积的有机物质在厌氧条件下，分解产生硫化氢等有害气体，使水质进一步恶化，导致鱼虾等动物死亡。

（2）污染饮用水源。河流、湖泊、水库等地表水是人类重要的饮用水源。水体中藻类的大量繁殖与腐坏使水质恶化，藻类产生的毒素会严重威胁人类健康。

（3）影响自然景观。水体富营养化使水质恶化发臭，严重影响自然景观。同时，水体富营养化会堵塞航道，影响航运，使旅游型水体丧失旅游价值。

28 农村生活污水直接排放会引起水体富营养化吗？

会。人类生活过程中产生的冲厕水、洗浴水、洗衣水、厨房用水等农村生活污水中含有大量的氮、磷等营养元素。大量未经处理的农村生活污水，直接排入地表水体后，过量氮磷等营养元素的输入会加速水体富营养化进程。

29 农村生活污水可以直接灌溉农作物吗？会有什么影响？

不可以。虽然农村生活污水中含有氮、磷、钾等农作物需要的养分元素，但如果农村生活污水长期过量灌溉农田，很有可能造成土壤中氮、磷等含量超标。此外，生活污水中亦含有一些清洁剂或者其他化学药剂甚至重金属，会间接对土壤及农作物造成损害。

30 农村生活污水直接排放会危害人体健康吗？

会。任意散排至地表的污水，散发难闻气味，容易滋生细菌和苍蝇。如果村民长期直接接触这些未经消毒处理的农村生活污水，可能会感染介水传染病，甚至造成暴发流行，影响居民身体健康。

31 含磷洗涤用剂的危害有哪些？无磷洗涤用剂有哪些好处？

目前，我们使用的洗涤用品有些是含磷产品。磷是一种高效助洗剂，含磷洗衣粉中含有的聚磷酸盐，在清洗衣物后，污水排放到河流湖泊中，水中磷含量升高，水质趋向富营养化，导致各种藻类、水草大量滋生，水质混浊，水体缺氧，使鱼虾等水生物死亡；长期使用含磷、含铝洗涤剂会直接影响人体对钙的吸收，导致人体缺钙或诱发小儿软骨病；同时，含磷洗涤剂多呈碱性，长期使用皮肤会产生烧灼觉。无磷洗衣粉一般以天然动植物油脂为活性物，并复配多种高效表面活性剂和弱碱性助洗剂，可保持高效去污无污染，对水中生物无危害，降低水体污染风险。

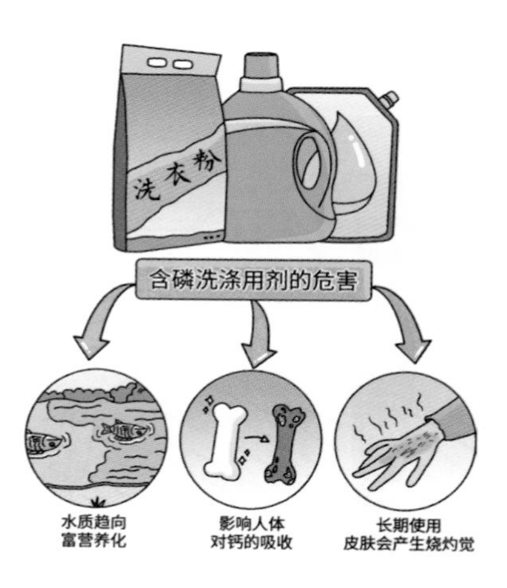

第四章 技术模式

32 农村污水处理的必要性是什么？

（1）缓解水资源短缺的需要。当前，我国农村地区，特别是北方农村地区面临水资源缺乏的问题，农村生活污水的随意排放造成了水资源的浪费，需要利用技术手段处理农村生活污水，实现水资源的循环利用，有效缓解水资源短缺的需求。

（2）改善农村生态环境的需要。随着农村居民生活水平的不断提升，农村污水排放量日益增加。目前，我国农村环境卫生设施配备不足，农民环保意识不强，农村环境卫生状况较差，应加强农村生活污水处理，完善相应配套设施，改善农村卫生环境，为农村的生活营造更为健康和谐的生态环境。

（3）实施乡村振兴战略的必然之举。农村生产环境、生活环境和生活质量的改善和提高，既有利于农村乡风文明、治理有效、生活富裕的实现，又有利于农民生活质量的提升。加强对农村生活污水的处理，是产业兴旺、生态宜居的重要环节，需引起相关部门的高度重视。

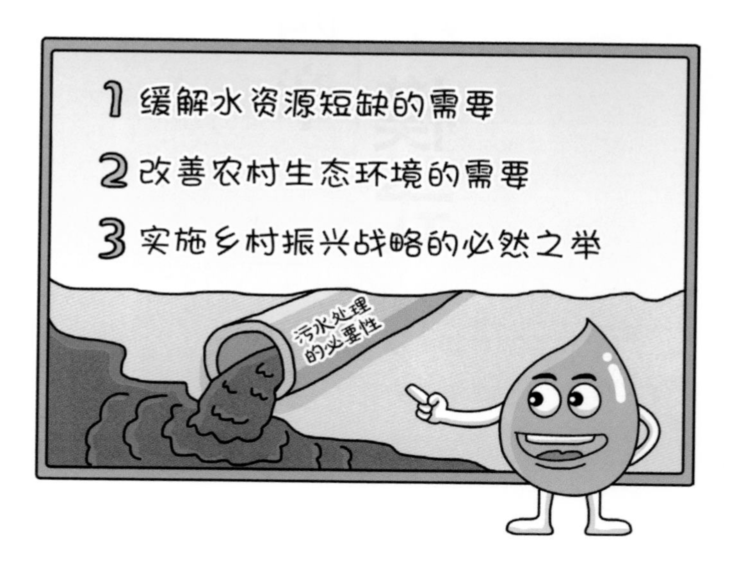

33 我国农村生活污水处理现状是如何？

我国农村生活污水处理分为起步阶段（2005—2008年）、发展阶段（2008—2015年）和快速发展阶段（2015年以后）。从2008年以后，农村生活污水处理率逐年增加。2014年农村生活污水处理率达到13%，2016年村镇污水处理率达到22%，但仍远低于城镇90%以上的污水处理率。2016年我国生活污水处理设施的建制镇比例占28%，有生活污水处理设施的村庄比例占20%。但我国农村污水处理情况地区差异性很大，如上海、浙江、江苏等发达地区，农村生活污水处理水平整体显著高于东北、西北地区。近年来，党中央、国务院高度重视农村污水处理，相继出台印发多项涉及农村生活污水治理的法规和文件，对农村污水处理提出了新要求。到2020年，新增完成环境综合整治的建制村13万个，经过整治的村庄，生活污水处理率不小于60%。

34 我国农村生活污水治理面临哪些问题?

（1）农村污水排放标准、处理技术规范尚不健全。我国农村生活污水处理系统化、规范化、标准化程度低，出台的一些技术规范缺乏必要的科学验证，技术参数、经济参数及接受度有待认证。到目前为止，我国还没有国家层面的生活污水处理排放标准，部分省市出台了地方农村生活污水处理排放标准，部分省市农村生活污水排放直接套用城镇的污水处理标准体系。在设计和建设上几乎无标准与规范可循，工程设计只能参考其他相关规范进行。

（2）缺少适宜不同区域特点的农村污水处理实用性技术。我国农村地区生态资源禀赋、经济发展水平和生产生活习惯等区域差异性显著，农村环境问题区域差异性显著。过去30年，我国虽然积累了大量的村镇污水处理技术，但缺少符合区域特点的农村污水处理实用落地技术，导致一些技术在本地化应用过程中出现问题，如人工湿地技术在北方出现冬季保温越冬难问题、南方水网地区农村污水处理排放氮磷过高问题、农村污水水利负荷冲击大，活性污泥法不能使用问题等。

（3）缺少农村生活污水治理长效运行

和管理机制。我国大部分农村污水处理设施普遍存在“建得起，转不起”、“重建设、轻管理”现象，缺乏农村生活污水治理长效运行和管理机制。主要表现在：① 污水处理设施运行、维护资金无保障。目前，农村环境整治专项资金只能用于处理设施的建设，而不能用于治理设施的运营管理，农村污水处理设施缺少运行经费来源。② 运行维护管理水平普遍较低，缺乏完善的监督考核机制、激励奖惩机制、公众参与机制、宣传推广机制；③ 缺乏专业技术人才，很多农村污水处理设施处于零维护状态，设施破损、设施停运等现象屡见不鲜。

35 农村生活污水处理技术模式有哪些？

综合考虑村庄规模、人口数量、聚集程度等因素，农村生活污水处理技术包括分散处理模式、村落集中处理模式和纳入城镇排水管网3种模式。

36 什么是散户污水分散处理模式？适用哪些地方？

散户污水分散处理模式是指单户或几户住户的污水就近处理，通常采用小型污水处理设备或自然处理等形式，适用于人口居住分散，无法集中收集污水的地区。

37 什么是集中式农村生活污水处理模式？适用于哪些地方？

村落污水集中处理模式，即通过在村内铺设污水管网，将污水收集到污水处理站后集中处理。这种模式适用于村庄布局相对密集、规模较大、地势平缓、经济条件好的单村或联村污水处理。

38 什么是纳入城镇排水管网处理模式?

村落污水纳入城镇排水管网处理模式是指城镇近郊区的村庄，通过管网将污水输送至城镇污水处理厂统一处理。

39 小型一体化污水处理设备是什么?有哪些类型?

小型一体化污水处理设备是集农村污水预处理、二级处理和深度处理设备于一体的中小型污水处理技术装置。

小型一体化污水处理设备，从功能上，可分为只处理粪便污水的单独型和统一处理厨房排水、洗衣排水和浴室排水等合并处理型两种类型。单独处理装置又分为腐化池和延迟曝气池；而合并处理装置可分为洒水滤池式、高速洒水滤池式、延时曝气式、循环水道曝气

式、标准活性污泥法、分流曝气式、接触氧化法、污泥再曝气式、标准洒水滤池式、膜生物反应器、膜分离净化装置等。

40 小型一体化污水处理设备有哪些优点？

（1）构筑物少、占地面积小、基建费用低、无需建厂房，可有效地缓解农村用地紧张的问题；（2）操作简便、效果好、使用寿命长；（3）设备可随地形需要，进行灵活布置，实现小流量的就近处理，显著减少管道敷设工作；（4）对周围环境无影响、污泥产生量少、噪音小；（5）无需专人管理。

41 农村小型污水处理装置选取和设计步骤有哪些？

农村生活污水处理技术及装置的选取，需遵循以下设计步骤：① 根据服务人数来确定污水量；② 确定排放标准；③ 了解污水特性；④ 确定处理方法；⑤ 计算处理装置容量；⑥ 进行详细设计。

42 什么是化粪池技术？化粪池有什么作用？

化粪池是一种利用沉淀和厌氧微生物发酵的原理，以去除生活污水中悬浮物、有机物和病原微生物为主要目标的小型污水初级处理构筑物。化粪池技术是农村最普遍的一种分散污水处理技术（初级处理）。

化粪池可作为临时性或简易的排水措施，亦可用作污水处理系统的预处理设施，对截流和沉淀污水中的大颗粒杂质，防止污水管道堵塞，减少管道埋深起到积极作用。同时，池底沉积的污泥可用作有机肥。

43 化粪池有哪些优点和不足？

化粪池的优点：化粪池具有结构简单、易施工、造价低、维护管理简便、无能耗、运行费用省、卫生效果好等优点。

化粪池的不足：沉积污泥多，需定期进行清理；沼气回收率低，综合效益不高；化粪池处理效果有限，出水水质差，一般不能直接排放水体，需经后续好氧生物处理单元或生态技术单元进一步处理。

44 化粪池的类型有哪些？

目前，化粪池类型主要有三格化粪池、改良型化粪池、立体多槽式化粪池、好氧曝气式化粪池、灭菌化粪池、带提升泵的密封化粪池装置等。

45 化粪池的建筑材料有哪些类型？

化粪池根据建筑材料不同，可分为砖砌化粪池、现浇钢筋混凝土化粪池、预制钢筋混凝土化粪池、玻璃钢化粪池、热塑性复合材料化粪池等。

46 什么是三格化粪池？

三格化粪池由相连的三个池子组成，中间由过粪管连通，主要是利用厌氧发酵、中层过粪和寄生虫卵比重大于一般混合液比重而易于沉淀的原理，粪便在池内经过30天以上的发酵分解，中层粪液依次由1池流至3池，以达到沉淀或杀灭粪便中寄生虫卵和肠道致病菌的目的，第3池粪液成为优质化肥。

新鲜粪便由进粪口进入第一池，池内粪便开始发酵分解。因比重不同粪液可自然分为三层，上层为糊状粪皮。下层为块状或颗状粪渣。中层为比较澄清的粪液。在上层粪皮和下层粪渣中含细菌和寄生虫卵最多，中层含虫卵最少，初步发酵的中层粪液经过粪管溢流至第二池，而将大部分未经充分发酵的粪皮和粪渣阻留在第一池内继续发酵。流入第二池的粪液进一步发酵分解，虫卵继续下沉，病原体逐渐死亡，粪液得到进一步无害化，产生的粪皮和粪渣厚度比第一池显著减少。流入第三池的粪液一般已经腐熟，其中病菌和寄生虫卵已基本杀灭。第三池功能主要起储存已基本无害化的粪液作用。

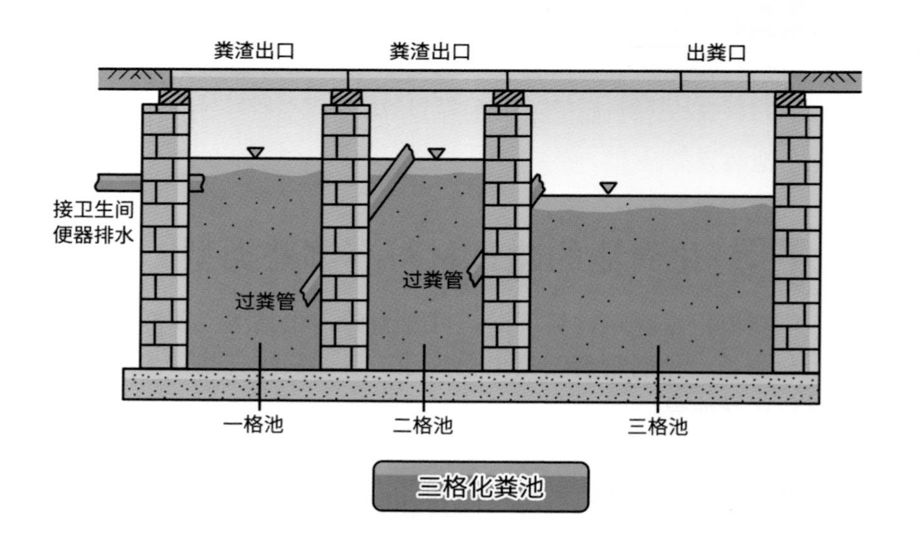

三格化粪池

47 改良型化粪池是什么？

改良型化粪池由腐化槽、沉淀槽、过滤槽、氧化槽和消毒槽组成。污水经腐化槽腐化分离后，再经沉淀、过滤和氧化，最后经消毒后排出，沉淀污泥则定期清掏。

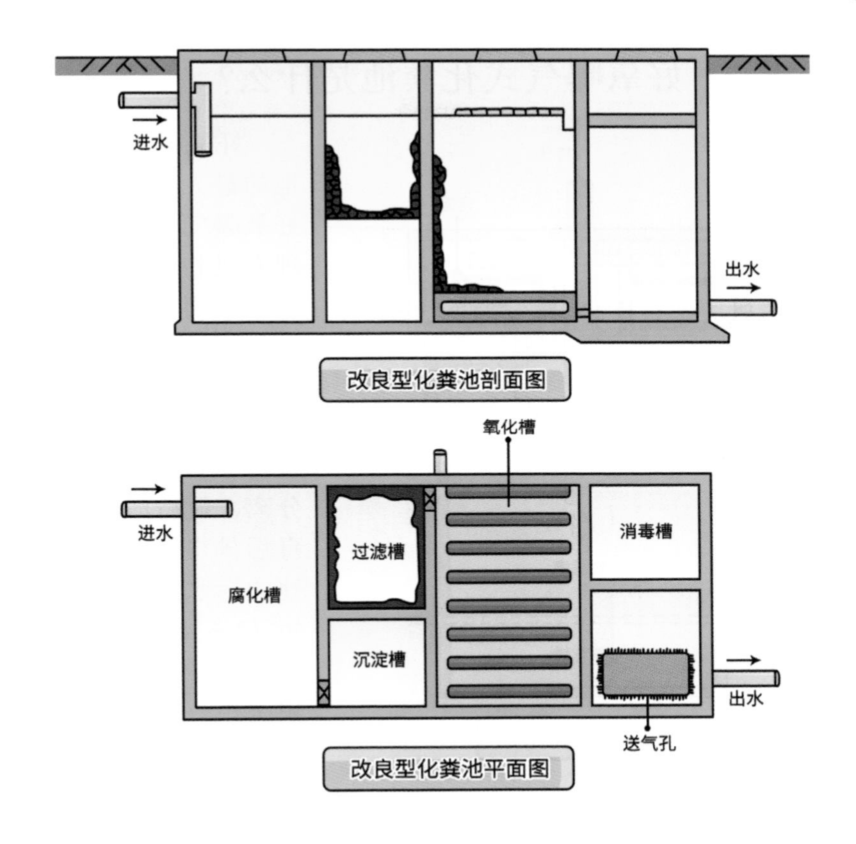

48 什么是立体多槽式化粪池?

立体多槽式化粪池是将各槽分格叠置，以节约用地，分为合置式和分置式两种。合置式立体化粪池是将各槽设置在同一圆槽内，腐化槽设在氧化槽的上部，污水进入腐化槽腐化分离，经过滤、沉淀，再经过氧化、消毒后排水。分置式立体化粪池是将腐化槽和过滤槽设在一起，氧化槽、消毒槽分别另设。污水进入腐化槽后，污泥下沉，污水则进入沉淀槽，再经过滤、氧化，最后经消毒后排出。

49 好氧曝气式化粪池是什么？

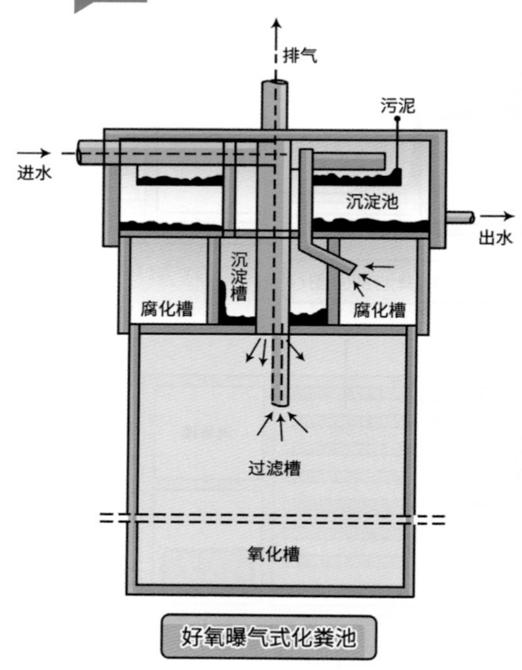

好氧曝气式化粪池

好氧曝气式化粪池的最大特点是利用好氧曝气的方式来处理有机物。污水首先由污染物分离槽进行预处理，将粗大颗粒物分离出去，然后再曝气室中曝气分解有机污染物，再经沉淀分离，最后清液经消毒后排出。这种化粪池的污水停留时间很短（2～4小时），出水水质稳定，池子容积较小，但运行和管理费用较高。

50 什么是灭菌化粪池？

灭菌化粪池由工作室、操作室、加热管、闸门和水泵组成。污水首先进入第一工作室进行泥水分离，清水排入排水井，污泥排入第二工作室继续分离。

操作室是供加温消毒沉渣用的。关闭闸门、打开气阀，将水和沉积物中的细菌含量降低60%左右，并可全部杀死虫卵。消毒后的污泥用水泵排出，第二工作室中未经消毒的污泥再返回第一工作室进行重复处理。灭菌化粪池构造比较复杂，运行管理费用也比较高，但它能够有效地消除病菌、杀死虫卵，对传染病流行地区或医院粪水处理尤其适用。

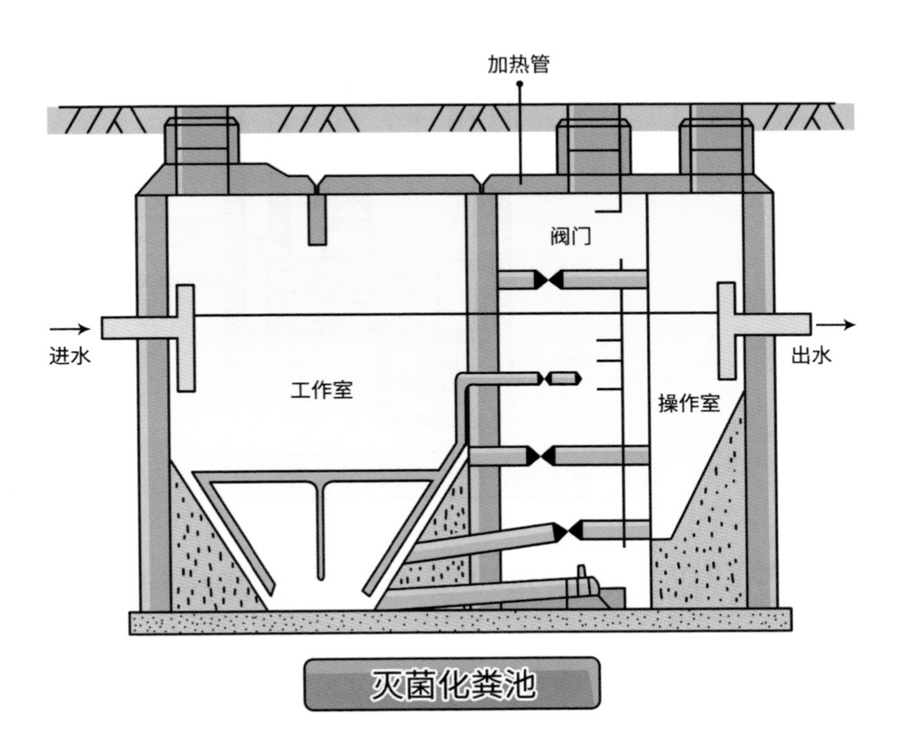

灭菌化粪池

51 什么是带提升泵的密封化粪池装置？

带提升泵的密封化粪池装置本身带有提升泵和密封化粪箱，粪便污水在密封化粪箱中沉淀分离，再由提水泵将清水抽送至城市排水管网。这种装置特别适用于有地下室的构筑或人防工程。

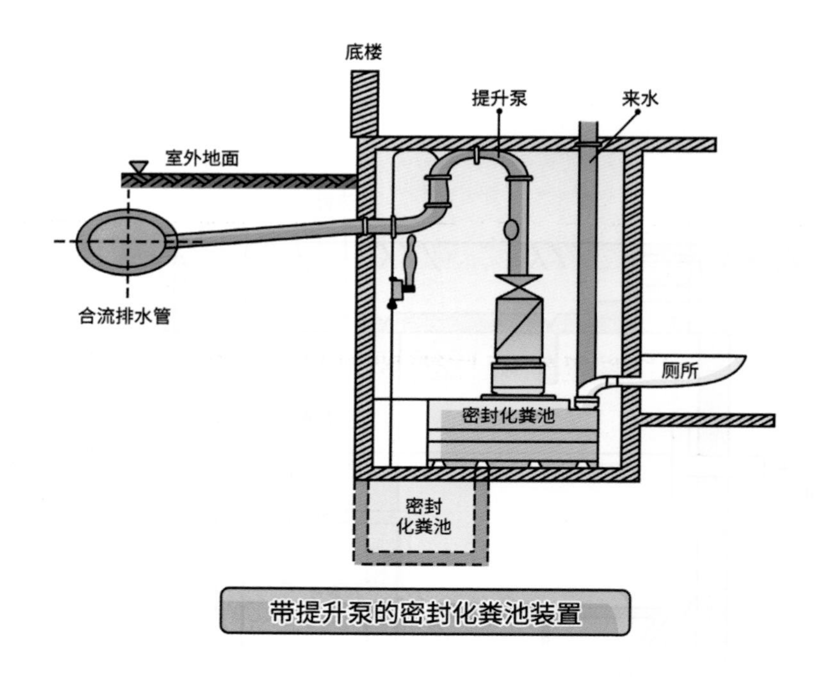

带提升泵的密封化粪池装置

52 化粪池的建设管理应注意哪些问题？

化粪池的选址：无论公厕还是家庭化粪池，要选择距村庄内饮用水源（包括饮用水管）30米以上、地下水位较低、不容易被洪水淹没、在上风方向和方便使用的地方建设。

粪池要注意

防渗漏：池壁、池底要用不透水材料构筑，严密勾缝，内壁要用符合规范的水泥砂浆粉抹。粪池建成后，注入清水观察证明不漏水才能使用。进粪口粪封线的掌握：进粪口要达到粪封要求，需注意准确测定粪池的粪液面。其粪液面是过粪管（第一、第二池之间）上端下缘的水平线位置，进粪管下端要低于此水平线下20 ～ 30毫米。

53 化粪池建成后需要哪些日常维护管理?

化粪池日常管理工作包括：防止进粪口的堵塞；定期检查第三格的粪液水质状况（COD、SS、TN、TP等），特别要关注悬浮物含量，过高时要求在预处理过程给予特殊处理；定期清理第一、第二格粪池粪皮、粪渣，清除的粪皮、粪碴及时与垃圾等混合高温堆肥或者清运作卫生填埋；经常检查出粪口与清碴口的盖板是否盖好，池子损坏与否、管道堵塞等情况，并及时做好维修工作。

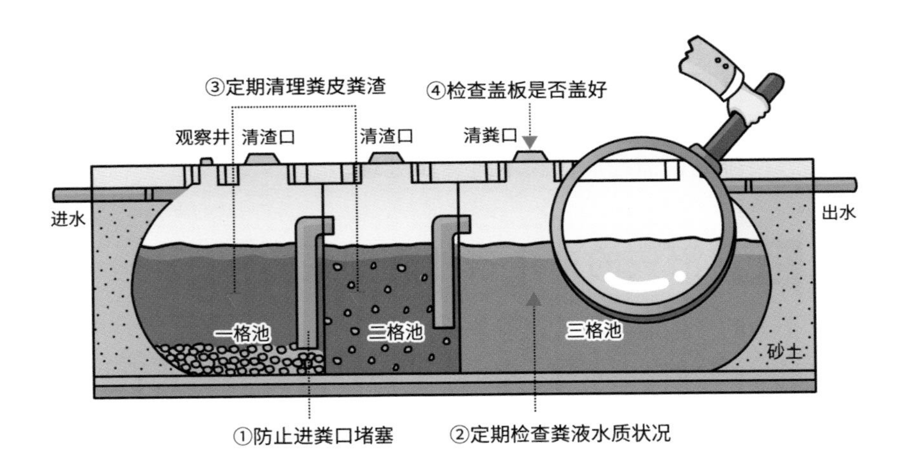

54 什么是沼气池技术？

农村沼气池技术是以农作物秸秆、人畜粪便、农村生活污水等为发酵原料，在一定温度、湿度、酸碱度及厌氧发酵条件下，通过微生物作用将有机物质（碳水化合物、脂肪、蛋白质等）消化分解，生成沼气、沼液和沼渣的过程，达到污水净化，资源化利用的目的。

55 沼气池技术适用范围是什么？

沼气池技术适用于一家一户或联户农村污水、农作物秸秆、畜禽粪便的初级处理，特别是适用于种植专业户和养殖专业户等原料丰富的农户。

56 沼气池技术有哪些优点和不足？

沼气池技术的优点：原料丰富、技术简单、造价低廉、环境友好。与化粪池相比，污泥减量效果明显，有机物降解率较高，产生的沼气可作为优质燃气。

沼气池技术的不足：污水处理效果有限，出水水质差，一般不能直接排放，需经后续技术进一步处理。

57 沼气的产生条件有哪些？

沼气的产生需要具备以下条件：

（1）严格的厌氧环境。由于产甲烷菌在有氧条件下不能生存，沼气池应该建设成不漏水、不漏气的密封池体。

（2）保持发酵的稳定性。一般认为沼气发酵温度范围为8～60℃，其中45～60℃为高温发酵、30～44℃为中温发酵、

8 ~ 29℃为低温发酵（常温发酵或自然发酵）。通常条件下，沼气池内温度高于10℃即可产生沼气，高于15℃可正常产生气体。因此，沼气池冬季要注意保温。

（3）要有充足的发酵原料。人畜粪便、生活污水、养殖废水等提供氮源、农作物秸秆提供碳源。一般来说，沼气发酵适宜的碳氮比为1 ：（20 ~ 30），碳氮比高于或低于这一范围，都会使发酵速度及产气速率下降，在搭配原料入池时应注意考虑。

（4）保持适量的含水率。一般要求含水率80%左右。

（5）控制好池体内的酸碱度。沼气发酵一般是在中性或微碱性环境中进行，最佳pH为6.8 ~ 7.4，pH降至6.5以下时会抑制沼气的产生。

（6）足够的接种物。对于新建的沼气池，为缩短发酵物滞留期，使沼气池尽早产气，新池第一次装料必须加入适量的接种物，接种物量为总发酵物量的10% ~ 30%。接种物一般可用正常产气1个月以上老沼气池的沼渣、沼液或阴沟污泥，厕所底层粪便等。

58 沼气的用途有哪些？

沼气的主要成分甲烷，是一种理想的气体燃料，它无色无臭，与适量空气混合后即可以燃烧。一户3 ~ 4口人的家庭，建一口容积为8立方米左右的沼气池，只要发酵原料充足并管理良好，可解决农户照明、煮饭、供暖等燃料问题。在农业生产中，大规模的沼气还可以用于温室保温、烘烤农产品、防蛀、储备粮食、水果保鲜等。

59 什么是沼液？沼液有哪些用途？

沼液是经过厌氧发酵后的残留液体，仍属高浓度有机废水。

沼液未经合理处理和利用而直接排放到环境中，将会造成二次污染。沼液中富含氮、磷、钾等大量营养元素，钙、铜、铁、锌、锰等中量和微量营养元素，还含有丰富的氨基酸、维生素B、各种水解酶、某些植物激素以及对病虫害有抑制作用的物质或因子。沼液作用可分为沼液肥用、叶面喷施、沼液浸种、防治病虫害、沼液养鱼等。

（1）沼液肥用与叶面喷施。沼液可作为液体肥料用作大田作物、蔬菜、果树、牧草等的种植。沼液肥用时，既可进行浇灌施用，也可作为叶面肥施用。在浇灌施用时，可将沼液直接与灌溉水以一定的比例混合浇灌，长期使用稀释沼液灌溉可促进土壤团粒结构的形成，增强土壤保水保肥能力，改善土壤理化性质。

（2）沼液浸种。沼液浸种可刺激种子的发芽和生长，使芽齐、苗壮、根系发达、长势旺，消除种子携带的衣原体、细菌等，增强种子抵抗力，秧苗抗旱、抗病及抗逆性能。

（3）防治病虫害。沼液中含有多种微生物、有益菌群、各种水解酶、某些植物激素及分泌的活性物质对植物的许多有害病菌和虫卵具有一定的抑制和杀灭作用，对一些植物病虫害有抑制作用。

沼液养鱼在南方应用较多，使用时应注意沼液的用量要适度，同时也注意沼液的生物安全问题。

60 什么是沼渣？沼渣有哪些用途？

沼渣是有机物质发酵后剩余的固形物质。沼渣富含有机质、腐殖酸、微量营养元素、多种氨基酸、酶类和有益微生物等，能起到很好的改良土壤的作用；沼渣还含有氮、磷、钾等元素，能满足作物生长的需要；沼渣具有速效、迟效两种功能，可作基肥和追肥；沼渣还可用于生产食用菌、养鱼、养泥鳅、养蚯蚓等。

61 什么是稳定塘?

稳定塘，又名氧化塘或生物塘，是以自然池塘为基本构筑物，通过自然界生物群体如微生物、藻类水生动物净化污水的处理设施。污水在塘中的净化过程与自然水体的自净过程相似，污水在塘内长时间储留，通过塘内生物吸收、分解污水中有机物、氮、磷等污染物。

62 稳定塘的适用范围是什么?

稳定塘适于中低污染物浓度的生活污水处理，适用于有山沟、水沟、低洼地或池塘，土地面积相对丰富的农村地区。

63 稳定塘有哪些优点和不足？

稳定塘的优点：

（1）基建投资低，旧河道、沼泽地、谷地可利用作为稳定塘。

（2）运行管理简单经济，动力消耗低，运行费用较低，约为传统二级处理厂的1/5 ~ 1/3。

（3）可进行综合利用，实现污水资源化，如将稳定塘出水用于农业灌溉，充分利用污水的水肥资源；养殖水生动物和植物，组成多级食物链的复合生物系统。

稳定塘的不足：

（1）占地面积大，没有空闲余地时不宜采用。

（2）稳定塘的处理效果受季节、气温、光照、降雨等自然因素影响。

（3）设计运行不当时，可能形成二次污染，如污染地下水、产生臭气和滋生蚊蝇等。

64 稳定塘有哪些类型？

根据塘水中溶解氧含量、生物种群类别及塘的功能可分为好氧塘、兼性塘、厌氧塘、曝气塘、生物塘5种。

好氧塘的深度较浅，一般在0.5米左右，阳光能直接照射到塘底。塘内有许多藻类生长，释放出大量氧气，再加上大气的自然充氧作用，好氧塘的全部塘水都含有溶解氧。

兼性塘同时具有好氧区、缺氧区和厌氧区。它的深度比好氧塘大，通常在1.2 ～ 1.5米。

厌氧塘的深度较兼性塘更大，一般在2.0米以上。塘内一般不种植植物，也不存在供氧的藻类，全部塘水都处于厌氧状态，主要由厌氧微生物起净化作用。多用于高浓度污水的厌氧分解。

曝气塘的设计深度多在2.0米以上，但与厌氧塘不同，曝气塘采用了机械装置曝气，使塘水有充足的氧气，主要由好氧微生物起净化作用。

生物塘一般用于污水的深度处理，进水污染物浓度低，也被称为深度处理塘。塘中可种植芦苇、茭白等水生植物，以提高污水处理能力。

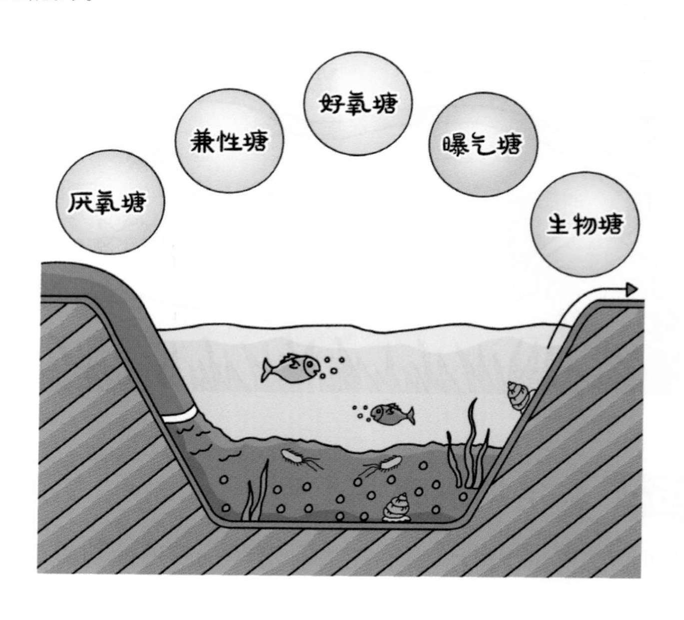

65 什么是土地渗滤处理系统？

土地渗滤处理系统是一种经过人工强化的污水生态工程处理技术，它充分利用在地表下面的土壤中栖息的土壤动物、土壤微生物、植物根系以及土壤所具有的物理、化学特性将污水净化，属于小型的污水土地处理系统。

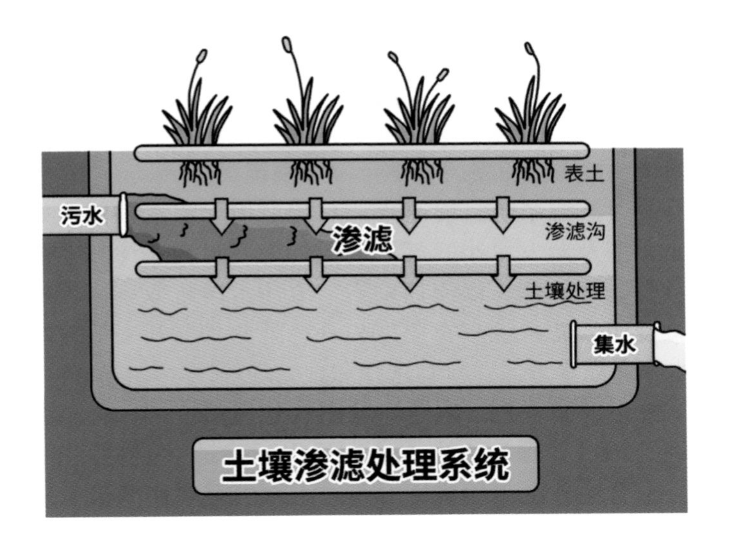

66 土地渗滤处理系统的适用范围是什么？

土地渗滤处理系统适合于资金短缺、土地面积相对丰富的农村地区，与农业或生态用水相结合，不仅可以治理农村水污染、美化环境，而且可以节约水资源。

67 土地渗滤处理系统有哪些类型?

土地渗滤系统处理系统主要包括土地慢速渗滤系统、土地快速渗滤系统、地表漫流系统、地下渗滤系统等。

(1) 慢速渗滤系统。慢速渗滤系统适用于渗水性能良好的土壤、砂质土壤及蒸发量小、气候润湿的地区。慢速渗滤系统的污水投配负荷一般较低，渗流速度慢，故污水净化效率高，出水水质优良。慢速渗滤系统有农业型和森林型两种。其主要控制因素为：灌水率、灌水方式、作物选择和预处理等。

(2) 快速渗滤系统。快速渗滤土地处理系统是一种高效、低耗、经济的污水处理与再生方法。适用于渗透性能良好的土壤，如砂土、砾石性砂土、砂质垆坶等。污水灌至快速滤渗田表面后很快下渗进入地下，并最终进入地下水层。灌水与休灌反复循环进行，使滤田表面土壤处于厌氧—好氧交替运行状态，依靠土壤微生物将被土壤截留的溶解性和悬浮有机物进行分解，使污水得以净化。快速渗滤法的主要目的是补给地下水和废水再生回用。进入快速渗滤系统的污水应进行适当预处理，以保证有较大的渗滤速率和硝化速率。

(3) 地表漫流系统。地表漫流系统适用于渗透性的黏土或亚黏土，地面最佳坡度为2%～8%。废水以喷灌法或漫灌法有控制地在地面上均匀的漫流，流向设在坡脚的集水渠，在流行过程中少量废水被植物摄取、蒸发和渗入地下。地面上种牧草或其他作物供微生物栖息并防止土壤流失，尾水收集后可回用或排放水体。采用何种方法灌溉取决于土壤性质、作物类型、气象和地形。

(4) 地下渗滤污水处理系统。地下污水处理系统是将污水投配到距地面约0.5米深，有良好渗透性的底层中，借毛管浸润和土壤渗透作用，使污水向四周扩散，通过过滤、沉淀、吸附和生物降解作用等过程使污水得到净化。地下渗滤系统适用于无法接入城市排水管网的小水量污水处理。污水进入处理系统前需经化粪池或酸化池预处理。

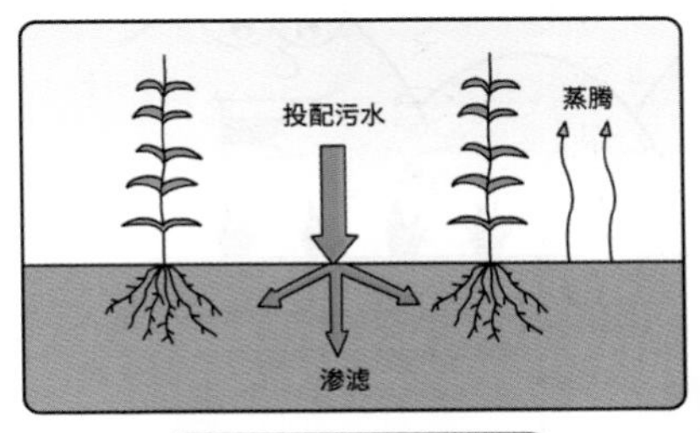

慢速渗滤系统

快速渗滤系统

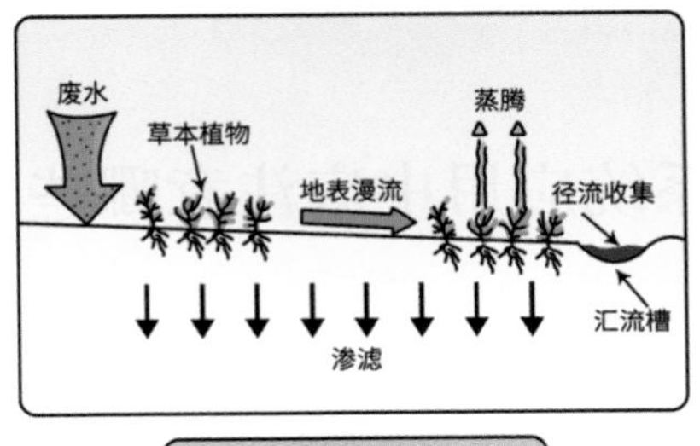

地表漫流系统

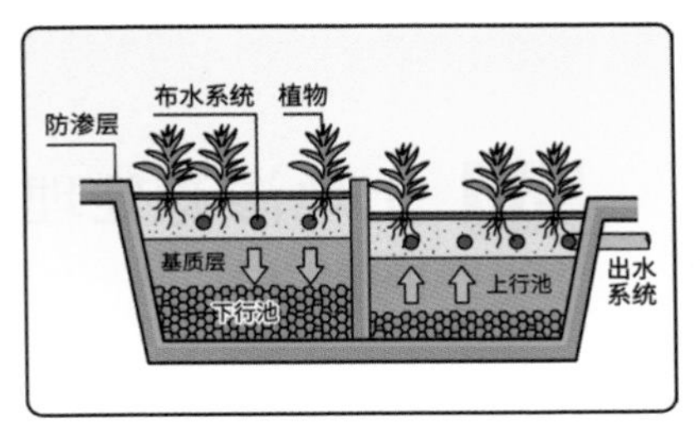

地下渗滤污水处理系统

68 土地渗滤处理系统有哪些优点和不足？

土地渗滤处理系统的优点：处理效果较好，投资费用少，无能耗，运行费用很低，维护管理简便。

土地渗滤处理系统的不足：负荷低，占地面积大，设计不当容易堵塞，易污染地下水。

69 土地渗滤处理系统应用中应注意哪些问题？

（1）选择适宜的废水类型，不是任何废水都可用土地处理法处理；农村生活污水、城市污水及与城市污水水质相近的工业废水可作灌溉用水。医药、生物制品、化学试剂、农药、石油炼制、焦化和有机化工处理后的废水不适用作灌溉用水。

（2）选择适当的植物类型，一般以树木、经济作物为主，如选用农作物，应注意在水质允许的情况下，还要保证农作物不被污染，不减产，而且不要种植蔬菜、果品类植物。

（3）做好防渗处理问题，避免污染地下水源。

（4）控制进水水质，不能长期使用含盐量高的污水，防止土壤盐碱化。

（5）注意防止生物污染（如医院废水不能进入系统），防止传染疾病和对人畜造成危害。

70 什么是人工湿地？

人工湿地是在一定长、宽比及底面具有坡度的洼地中，填装砾石、沸石、钢渣、细沙等基质混合组成基质床，床体表面种植成活率高、吸收氮磷效率高的芦苇等水生植物，污水在基质缝隙或者床体表面流动的、具有净化污水功能的人工生态系统。

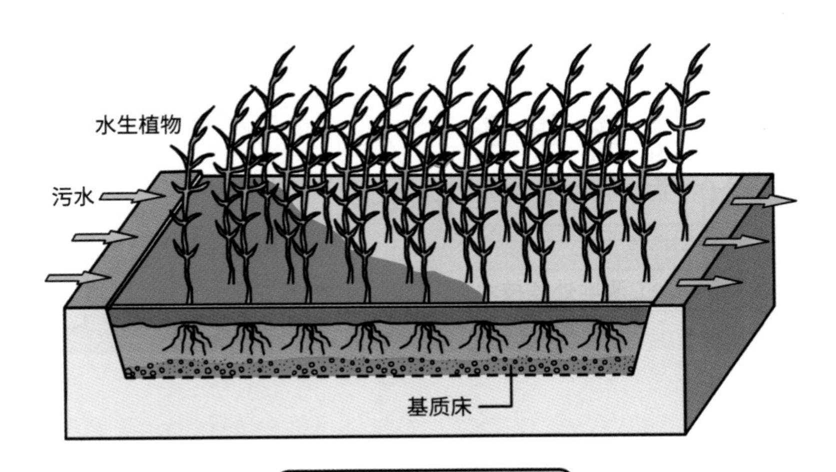

人工湿地

71 人工湿地处理技术有哪些优点？

目前，人工湿地技术是我国农村生活污水处理中应用较为广泛的技术。人工湿地具有如下优点：

（1）运行费用低。在有一定地形高差的区域，人工湿地运行完全不需耗能，也无需投加任何药剂。（2）技术要求低。对于正常运行的人工湿地，其日常维护仅为进水出水水管清淤、植物收获、除杂草等简单工作，不需要专人维护。(3) 处理效果好。只要按规范设计、施工，人工湿地处理系统出水效果稳定，出水水质好，耐冲击负荷能力强，可以满足现有国家污水排放要求。(4) 景观效果好。可与周边环境有机协调，不同的湿地植物合理搭配，与周围自然景观融为一体。

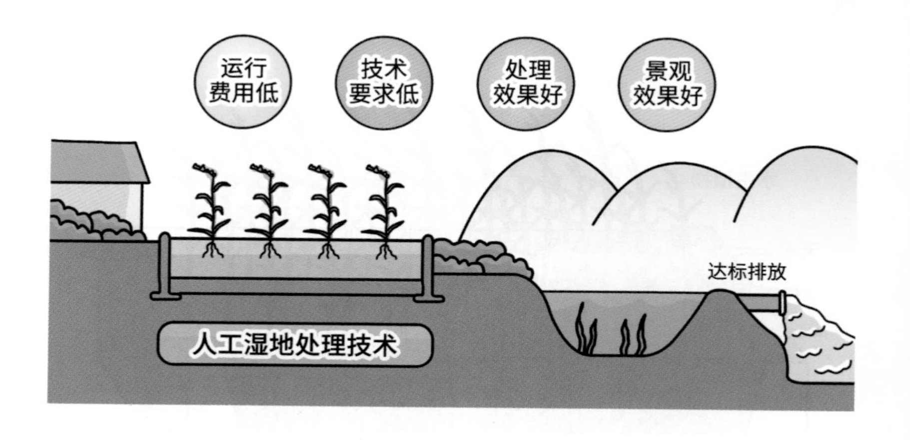

72 人工湿地处理技术有哪些不足？

(1) 占地面积大。由于人工湿地依赖于自然处理，负荷低，当水量较大时，其占地相当可观。如当地无合适的绿地、废弃塘池等可利用，建造人工湿地将会占用大量土地，限制了该技术的推广应用。

(2) 易受病虫影响。当湿地植物选择不当时，病虫害会影响植物生长，进而影响人工湿地污水处理效果。

(3) 工作机制复杂。设计运行参数难以量化计算，这给在水质水量、地理、气候条件复杂的农村地区开展人工湿地工程设计带来了一定的困难，很多情况下工作人员需凭经验开展设计工作。

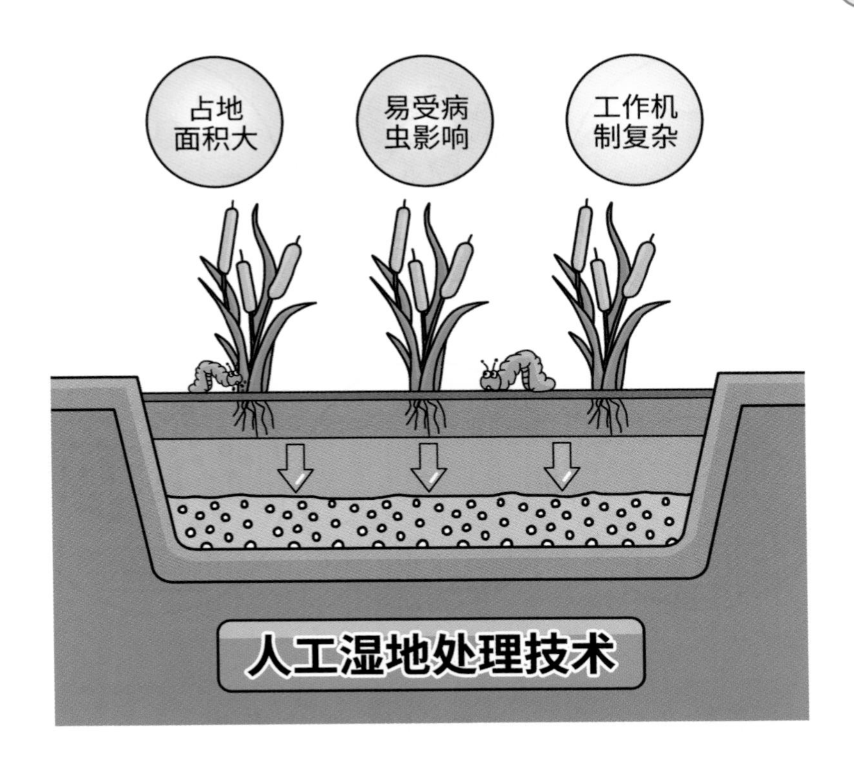

73 人工湿地常用的基质有哪些？通常是怎么排列的？

人工湿地的基质是人工湿地处理污水的核心之一。基质粒径、矿物成分、排布方式等直接影响到污水处理的效果。目前，人工湿地基质主要由土壤、砾石、煤渣、粗沙、细沙，以及某些生产废弃物等组合而成。不同设计目的、不同类型的湿地基质层填料的排列各有不同，总体来说，基质层填料上细下粗、分层排布。

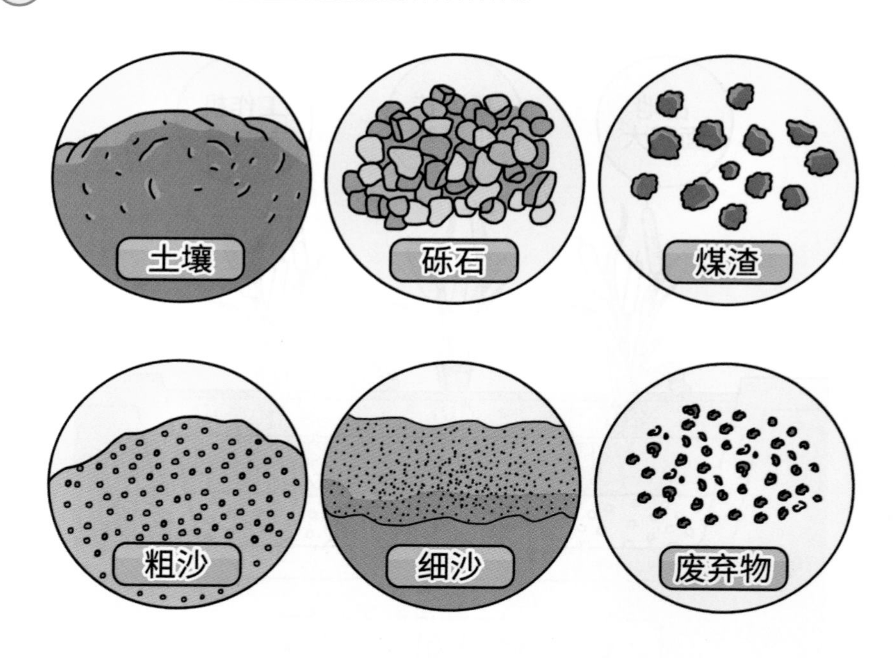

74 人工湿地主要包括哪些类型？

按照污水流经方式不同，人工湿地通常分为表面流人工湿地和潜流人工湿地两种类型。按照污水在湿地中水流方向不同，潜流人工湿地又可分为水平潜流型人工湿地、垂直潜流型人工湿地、垂直流与水平流组合的复合型潜流人工湿地3种类型。

（1）表面流人工湿地：水面在湿地基质层以上，水深一般为0.3～0.5米，流态和自然湿地类似。（2）水平潜流型人工湿地：水流在湿地基质层以下沿水平方向缓慢流动。（3）垂直潜流型人工湿地：污水一般通过布水设备在基质表面均匀布水，垂直渗透流向湿地底部，在底部设置集水和排水管。（4）复合型潜流人工湿地：水流既有水平流也有垂直流，水平流和垂直流组合形式多样。

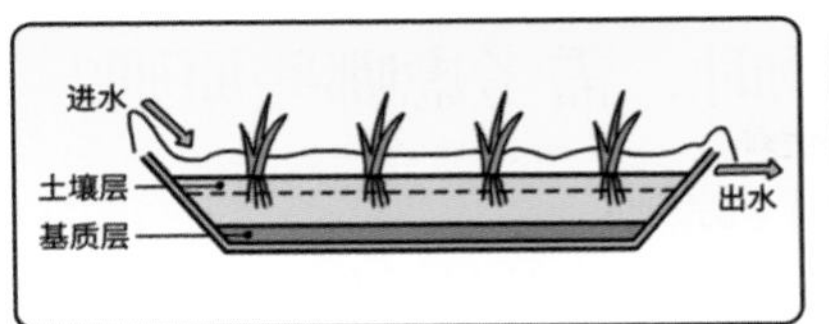

表面流人工湿地

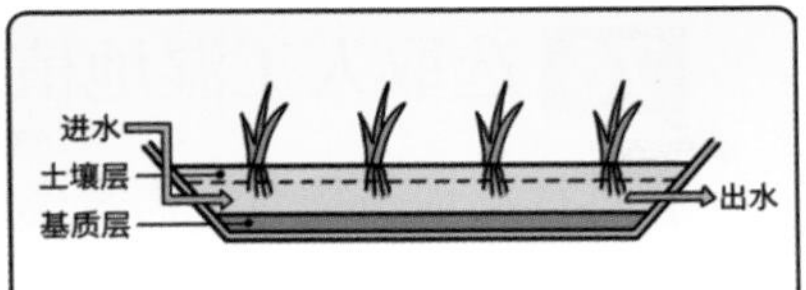

水平潜流型人工湿地

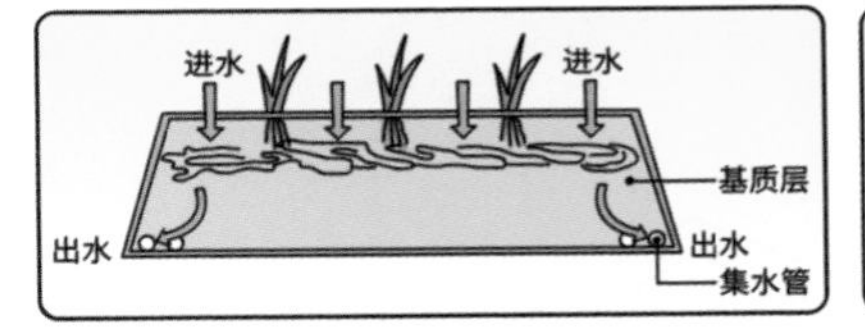

垂直潜流型人工湿地

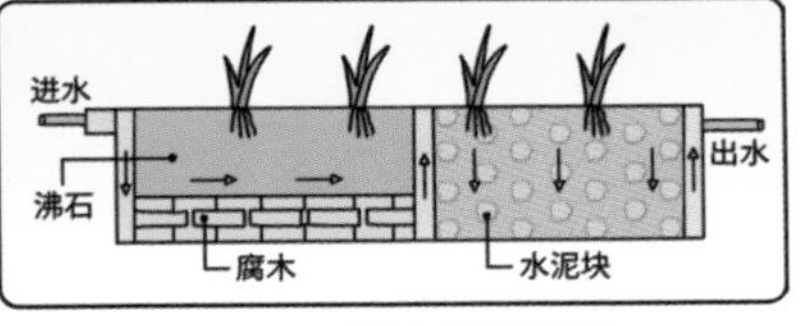

复合型潜流人工湿地

75 常见的人工湿地植物有哪些？

按照植物在水中的生长形式，湿地植物常分为：（1）挺水植物：常见的有美人蕉、菖蒲、芦苇、再力花、水葱、灯芯草、千屈菜、纸莎草、花叶芦竹等。（2）浮水植物：常见的有浮萍、睡莲、水葫芦、水芹菜、李氏禾、水蕹菜、豆瓣菜等。（3）沉水植物：如软骨草属、狐尾藻属和其他藻类等。

76 选取人工湿地植物时，需考虑哪些原则？

在选择湿地植物时，需考虑如下原则：

（1）尽量选用当地常见植物。（2）选择耐污除污能力强的植物。（3）选用根系发达的植物。（4）选用生长周期长的多年生植物。（5）选用景观较好的植物，如荷花、芦苇、菖蒲、美人蕉等。

77 什么是污水生物处理过程？污水生物处理技术有哪些？

污水生物处理过程是指利用微生物的新陈代谢把污水中存在的各种溶解态或胶体状态的有机污染物转化为稳定的无害化物质。按照污水处理生物反应器中微生物的生长状态，污水生物处理技术可分为以活性污泥为代表的悬浮生长工艺和以生物膜法为代表的附着生长工艺。

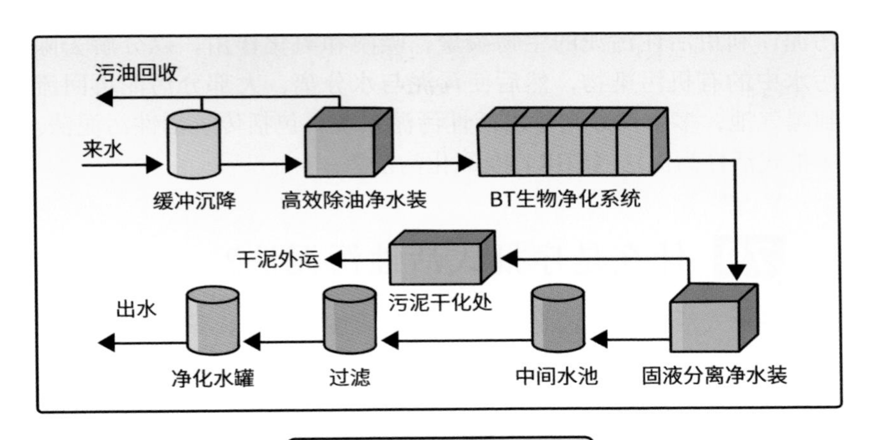

污水生物处理技术

78 什么是活性污泥法？有哪些类型？

活性污泥法是污水生物处理的一种方法，该法是在人工充氧条件下，对污水和各种微生物群体进行连续混合培养，形成活性

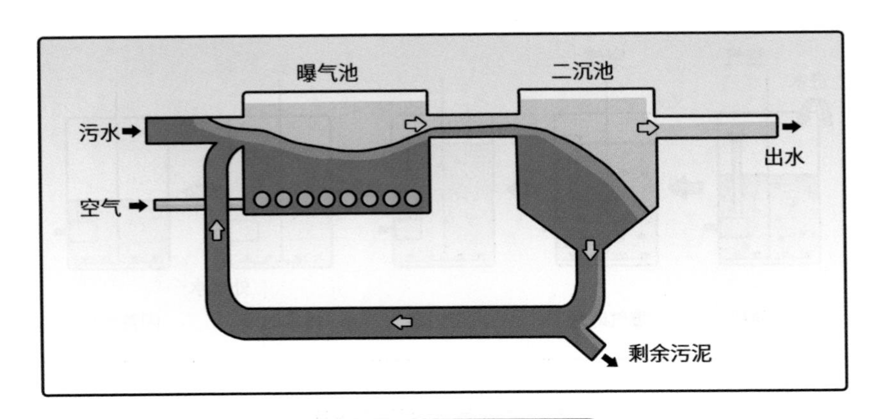

活性污泥法

污泥，利用活性污泥的生物凝聚、吸附和氧化作用，以分解去除污水中的有机污染物，然后使污泥与水分离，大部分污泥再回流到曝气池，多余部分则排出活性污泥系统。包括传统活性污泥法、序批式活性污泥法（SBR）及氧化沟法等。

79 什么是序批式活性污泥法?

序批式活性污泥法是一种间歇式活性污泥法，该技术在运行操作上最大的优点是将曝气、反应、沉淀、排水等单元操作工序按时间顺序，在同一个反应池中反复进行。其运行次序一般分为进水期、反应期、沉淀期、排水期和闲置期5个阶段，各个阶段的运行时间、反应池混合液的浓度及运行状况均可以根据进水水质与运行功能灵活操作。在进水与反应阶段，缺氧（或厌氧）与好氧状态交替出现，有效抑制了专性好氧菌的过量增长繁殖，较短的污泥龄使丝状菌无法大量繁殖，由此克服了常规活性污泥易使污泥膨胀的弊端。

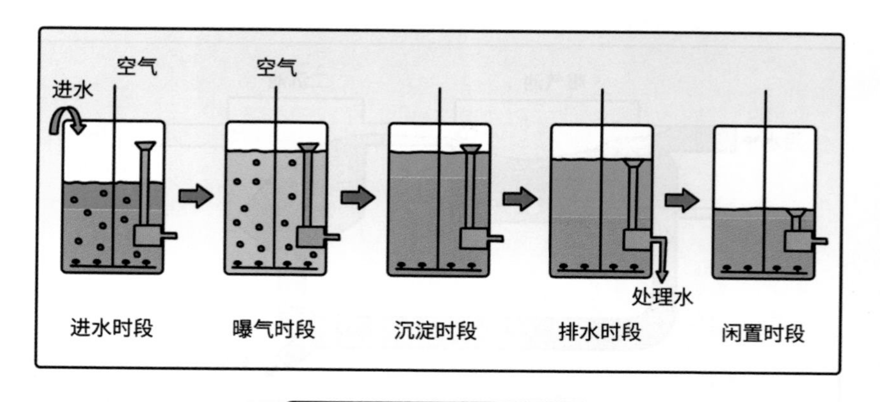

序批式活性污泥法(SBR)

80 序批式活性污泥法有哪些优点？

序批式活性污泥法适用于各类型农村污水的处理，特别是用于水量较小、水量排放空间波动大、水质波动大的农村污水处理。该工艺简单，构筑物少，将曝气池与沉淀池融为一体，以时间换空间，占地面积小；不需要设置污泥回流设施，不设二沉池，曝气池容积也小于传统连续式活性污泥法，运行费用低。

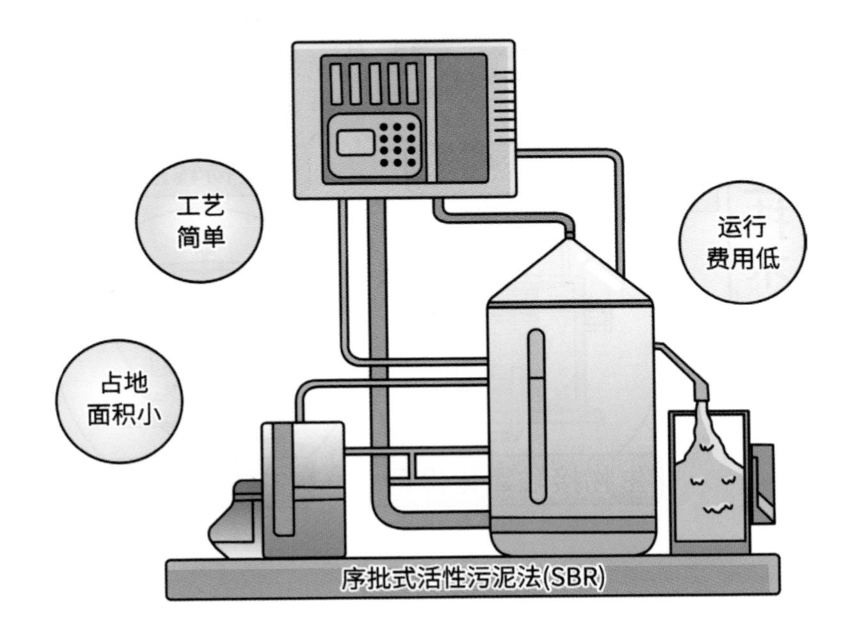

81 什么是生物膜法？有哪些类型？

生物膜法是一种固定膜法，是污水水体自净过程的人工强化，主要去除废水中溶解性的和胶体状的有机污染物，包括生物滤池（普通生物滤池、高负荷生物滤池、塔式生物滤池）、生物转盘、生物接触氧化设备和生物流化床等。生物膜处理技术适用于污染物浓度较低、气温较低、含有难降解有机物等类型的农村污水处理。

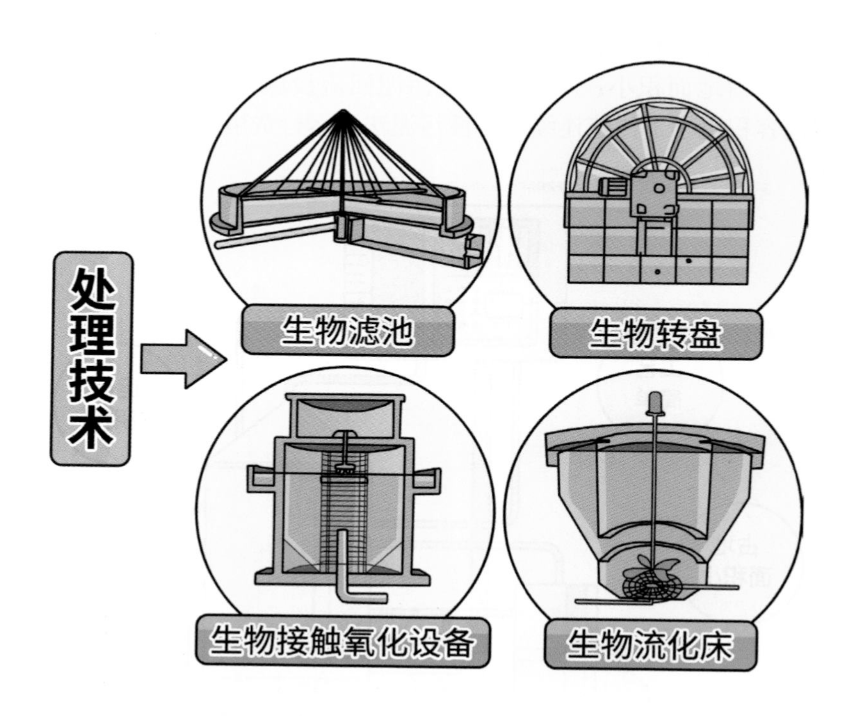

82 什么是生物转盘技术?

生物转盘处理技术是生物膜处理技术的一种。生物转盘处理技术运行时，盘片部分浸没于充满污水的反应槽内，利用转盘的转动，使附着在转盘上的微生物在水和空气中来回往复循环。当盘片浸没在接触反应槽内污水中时，滋生在盘片上的生物膜充分与污水中的有机物接触、吸附，在微生物的氧化作用下分解水中的有机物。当盘片离开污水时，盘片表面形成的薄薄水膜从空气中吸氧，被吸附的有机物在好氧微生物酶的作用下进行氧化分解。通过这样周而复始的不断循环达到净水目的。

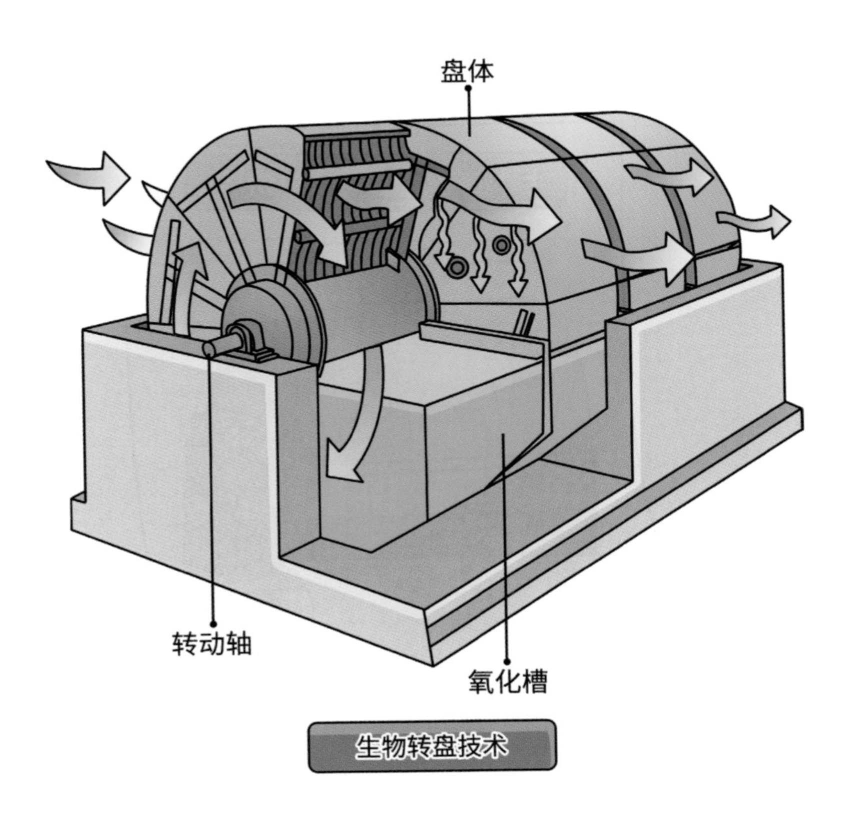

生物转盘技术

83 生物转盘技术有哪些优势和不足？

生物转盘技术的优点：具有处理费用低、出水效果好、占地面积小、设备使用寿命长、污泥产量少、无风机、无噪声污染、按需供氧、不产生异味造成二次污染、安装简单、维护方便等优点。

生物转盘技术的缺点：转盘较贵，投资较大，生物转盘的性能受环境气温及其他因素影响较大等问题，在北方设置生物转盘时，一般设置于室内，并采取一定的保温措施。建于室外的生物转盘需加设雨棚，防止雨水淋洗，使生物膜脱落。

84 什么是生物接触氧化池？

生物接触氧化池是生物膜法的一种，该技术是在池体中填充填料，污水浸没全部填料，氧气、污水和填料三相接触过程中，通过填料上附着生长的生物膜去除污水中的悬浮物、有机物、氨氮、总氮等污染物的一种好氧生物技术。

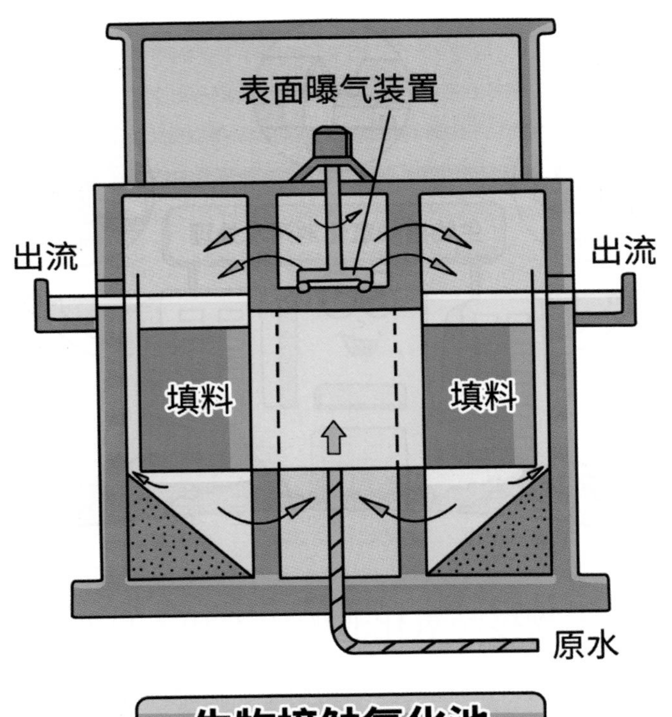

生物接触氧化池

85 生物接触氧化池的适用范围是什么?

生物接触氧化池处理规模可大可小，可建造成单户、多户污水处理设施及村落污水处理站。为减少曝气耗电、降低运行成本，山区利用地形高差，可利用跌水充氧完全或部分取代曝气充氧；若作为村落或乡镇污水处理设施，则建议在经济较为发达地区采用该技术，可利用电能曝气充氧，提高处理效果。

86 生物接触氧化池的优点和不足有哪些?

生物接触氧化池的优点：结构简单，占地面积小；污泥产量

少，无污泥回流，无污泥膨胀；生物膜内微生物量稳定，生物相丰富，对水质、水量波动的适应性强；操作简便、较活性污泥法的动力消耗少；对污染物去除效果好。

生物接触氧化池的不足：加入生物填料导致建设费用增高；可调控性差；对磷的处理效果较差，对总磷指标要求较高的农村地区应配套建设出水的深度除磷设施。

87 什么是膜生物反应器（MBR）处理技术？

膜生物反应器处理技术属于膜分离技术的一种，其工艺是将特制的膜组件浸没在曝气池中，经好氧处理后的水经膜过滤后排放。其与传统活性污泥法之间最大的区别就是用膜组件代替固液分离工艺及相关的构筑物，在节省占地面积的同时，还提升了固液分离效率。通过各种工艺的组合应用，可以实现出水达到景观用水或者杂用水的标准。

通过膜过滤的方式，可以将微生物截留在生物反应器内使污泥龄与水利停留时间实现相互独立，这样就可以有效地避免污泥膨胀状况的发生。同时，由于膜分离在生化池中形成

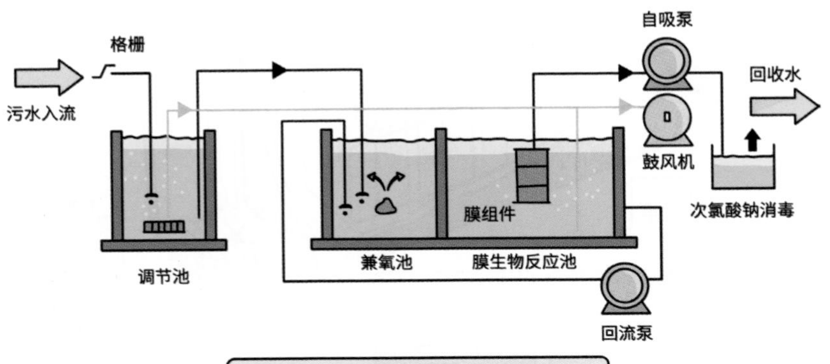

膜生物反应器(MBR)处理技术

8 000 ～ 12 000 mg/L超高浓度的活性污泥浓度，使污染物分解彻底。因此，出水水质良好、稳定，出水细菌、悬浮物和浊度接近于零。在一般情况下，经MBR工艺处理后的生活污水可以达到一级B的标准，要想实现出水达到一级A标准，可以在MBR工艺后加人工或者自然湿地处理系统，能够实现出水水质的提升。

88 膜生物反应器处理技术有哪些优点和不足？

膜生物反应器工艺对水质的适应性好，耐冲击负荷性能好，出水水质优良、稳定，不会产生污泥膨胀；池中采用新型弹性立体填料，比表面积大，微生物易挂膜、脱膜，在同样有机物负荷条件下，对有机物去除率高，能提高空气中的氧在水中的溶解度；工艺简单；不必单独设立沉淀、过滤等固液分离池，占地面积小。水力停留时间大大缩短；污泥排放量少，只有传统工艺的30%，污泥处理费用低。但存在一次性投资较高的不足。

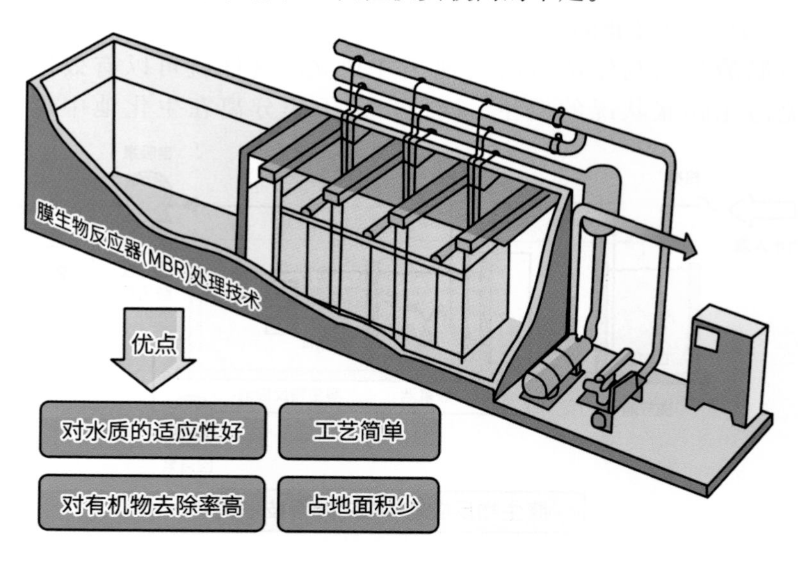

89 什么是厌氧－缺氧－好氧（A_2O）处理技术？

厌氧－缺氧－好氧处理技术（A_2O）是在厌氧－好氧（AO）处理技术的基础上增设厌氧池，而开发的具有同步脱氮除磷功能的工艺，可用于二级污水处理、三级污水处理、中水回用，具有较好的脱氮除磷效果。出水进入二沉池进行泥水分离，上清液及一部分剩余污泥进行排放，一部分污泥回流至厌氧反应器。污水与含磷回流污泥进入厌氧区，在释磷菌作用下释放磷并产生能量，同时降解部分有机物。出水进入缺氧池后，利用从好氧区回流至缺氧区的混合液完成反硝化脱氮，最后进入好氧区，进行氧化降解有机物、吸收磷和硝化反应，最终实现同步脱氮除磷功能。

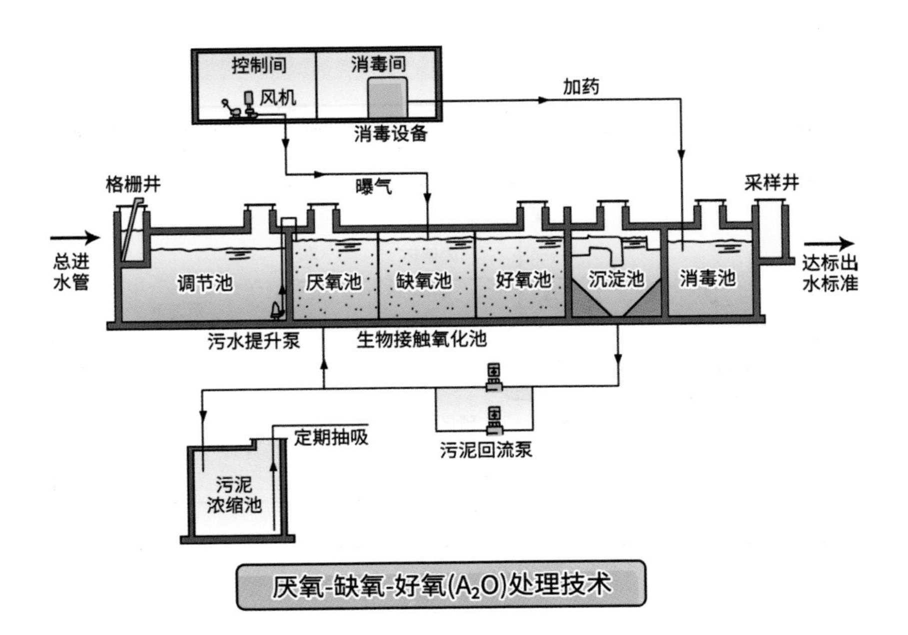

厌氧-缺氧-好氧(A_2O)处理技术

90 厌氧－缺氧－好氧处理技术（A_2O）有哪些优点和不足？

A_2O处理技术的主要优点：水力停留时间少于其他工艺；厌氧、缺氧、好氧交替运行，丝状菌增殖少，减少了污泥膨胀的可能性；具有较好的脱氮除磷效果。

A_2O处理技术的主要不足：除磷效果很难进一步提高；污泥增长有一定限度，尤其是处理低碳氮比城镇污水；内回流不宜太大使得脱氮效果受到一定限制；由于硝化菌、反硝化菌和聚磷菌在有机负荷、泥龄以及碳源需求上存在矛盾和竞争，影响氮、磷的去除效果。

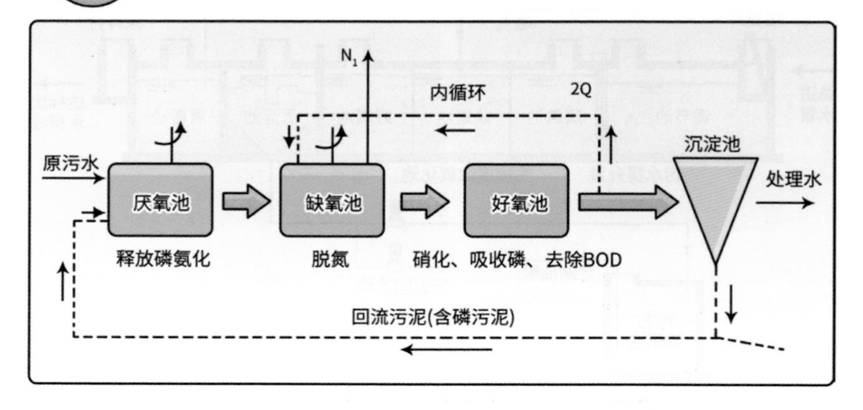

91 我国东北地区农村生活污水处理有哪些可行的技术模式？

我国东北地区属高寒地区，常年气温较低，特别是冬季非常寒冷，为保证污水处理效果，污水处理设施应考虑保温问题。根据不同经济发展水平及当地环境条件，东北地区可采用的农村污水处理技术包括：化粪池、厌氧生物膜、生物接触氧化池、土地渗滤处理、人工湿地、氧化塘等技术。

92 我国西北地区农村生活污水处理有哪些可行的技术模式？

我国西北大部分区域干旱缺水，日照时间长，生活污水处理应尽量与资源化利用相结合，有条件的地区，污水处理设备的动力可以考虑利用太阳能等新能源。根据西北地区农村生活污水排放分散、水质和水量波动大的特点，以及当地经济和技术状况，西北地区农村宜采用结构简单、易于维护管理和运行成本低的处理技术，包括污水预处理技术（化粪池、沼气池）、生物处理技术（厌氧生物膜、生物接触氧化池、氧化沟）和生态处理技术（人工湿地、稳定塘、土地渗滤处理）等。其他能达到处理要求并与西北地区技术与经济相适应的污水处理技术也可以在该地区应用。

93 我国华北地区农村生活污水处理有哪些可行的技术模式?

华北地区属严重缺水地区，污水处理应尽量与资源化利用相结合。根据华北地区各省市的经济发展水平及环境条件，农村污水处理实用技术包括：化粪池、污水净化沼气池、普通曝气池、序批式生物反应器、氧化沟、生物接触氧化池、人工湿地、土地渗滤处理、稳定塘等技术。

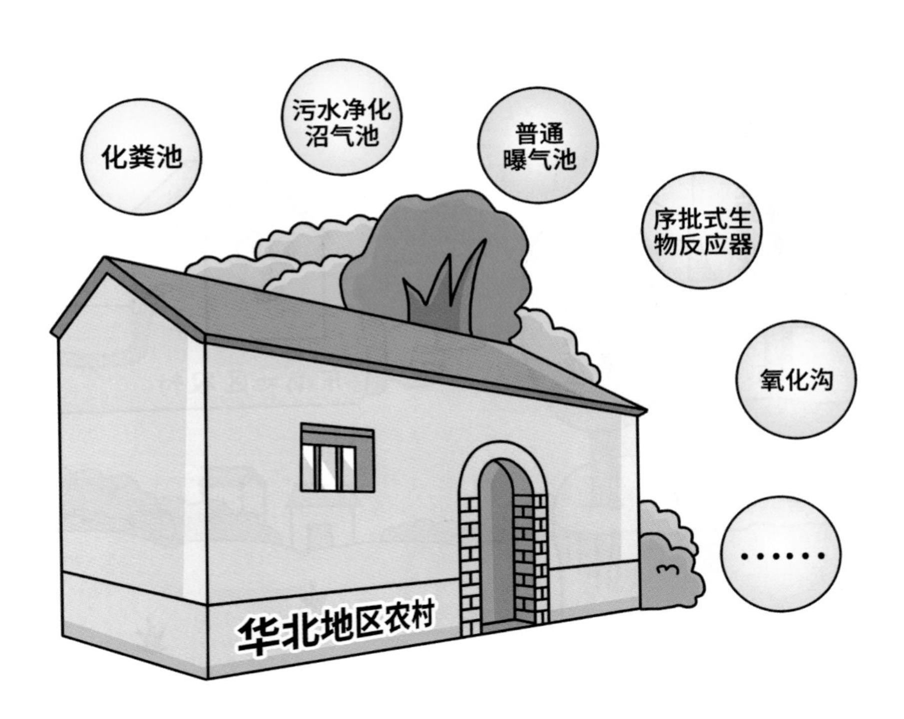

94 我国东南地区农村生活污水处理有哪些可行的技术模式？

综合考虑我国东南地区农村经济、地理和环境现状，适于推广化粪池、厌氧生物膜、沼气池3种厌氧生物处理技术；生物接触氧化池、氧化沟2种好氧生物处理技术；人工湿地、生态滤池、土地渗滤3种生态净水技术。其他适合东南地区特点并满足相关处理要求的物化技术（如：过滤和消毒）、生物技术（如：A/O和SBR，即厌氧好氧工艺法和序批式活性污泥法）和生态技术（如：稳定塘）也可应用。

95 我国中南地区农村生活污水处理有哪些可行的技术模式?

根据中南地区的特征，在有条件的地区，宜对生活污水进行处理后排放，污水预处理技术可采用化粪池或厌氧生物膜技术；二级处理可采用生物接触氧化池、氧化沟活性污泥法、人工湿地、氧化塘、土地渗滤和生物浮岛等技术。

96 我国西南地区农村生活污水处理有哪些可行的技术模式？

根据西南地区农村地理及经济特征，宜利用丘陵地区的高差减少污水处理设施的动力消耗。将化粪池和沼气池作为污水处理的预处理技术，采用人工湿地、土地渗滤、厌氧生物膜技术、生物接触氧化池、氧化沟活性污泥法、生物滤池等农村污水处理技术。其他能达到处理要求并与西南地区技术与经济相适应的技术也可以在该地区推广应用。

第五章 组织实施与管理机制

97 政府如何在规划设计阶段发挥决策作用？

在农村污水治理中，政府部门应严格贯彻和执行党中央、国务院和上级党委关于农村污水治理的重要指示、决定和精神，讨论决定本地区农村污水治理的重大政策措施，部署政府在农村污水治理中的重要工作，统筹协调农村污水治理专题事项，承担辖区内农村污水治理组织实施职责。政府部门在进行农村污水处理工程设计管理时，应组织具有较高素质、有相应资质的设计单位进行农村污水处理设施的具体规划设计，做到规划设计科学合理，并建立专家评议和审核体系。也可考虑进行地区性的统一招投标，保证设计费用，进而保证设计质量。

98 政府如何在施工建设阶段发挥作用？

在污水处理设施建设阶段，政府部门应制定相应的招投标标准，严格按照招投标办法规定，规范操作，严把施工单位资质准入关，选择技术力量好、施工力量强、工作责任心重、施工经验丰富的企业承担污水处理设施建设施工；招投标文件中明确施工企业应承担责任，对人员落实、施工机械、施工程序、管理要求、质量监管等做出明确要求，确保工程质量；明确奖惩制度，对资金拨付、扣罚内容等予以严格规定，实行工程建设质量与安全生产一票否决制，确保污水处理工程建设安全进行。

99 政府如何在运行管护阶段发挥作用？

建立农村污水处理工程长效运行管理机制，明确各自职权范围，明确考核指标，形成有力的组织保障和分级负责的管理体系，为农村污水处理工程的正常运行奠定良好的基础。政府部门负责当地农村污水处理系统维护管理的检查、指导和服务工作，负责对专业维护公司的引进和资质审定，并负责工程完工后的资金测算和拨付。

100 农村生活污水治理的责任主体有哪些？

以“统筹规划、突出重点、因地制宜、分类指导、依靠科技、创新机制、政府主导、公众参与”为原则，建立“政府主导、市场参与、农民主体、联合推进”农村污水治理责任机制。(1) 政府主导牵好头。要按照“统一领导、分级监管、部门落实、责任到人”原则，在市县两级建立联席会议制度，明确以建设部门为主管部门，细化参与部门的工作职责。(2) 市场参与强化服务。以县（市、区）或乡镇为单位，通过市场化方式引进第三方专业服务机构，承担处理设施运维管理的主要责任。(3) 农民主体积极参与。发挥基层村干部及党员先锋模范作用，营造全民参与、共建共享的良好氛围。

101 农村生活污水治理长效管护机制包括哪些方面？

针对我国农村污水治理存在的“重建设、轻管理”问题，要强化“建管结合”的农村生活污水治理长效管护机制，包括资金投入机制、监督考核机制、奖惩机制、运行管理机制、公众参与机制、宣传推广机制等。

102 农村生活污水治理的资金哪里来?

农村生活污水治理应采取“政府引导、社会投入、市场运作”的方式，多渠道筹措资金，建立政府、企业、社会多元化农村污水治理投、融资机制，形成以中央财政投入为主、地方配套为辅、村集体资金参与的多方资金保障体系。

103 农村生活污水治理的监督、考核奖惩方法有哪些？

组建农村污水治理专项领导小组，建立“政府统一协调、乡镇（街道）全面负责、职能部门各司其职、行政村联合推进”的工作机制；建立健全县对乡镇，乡镇对村、村对保洁队伍自上而下三级联动的考核督查机制，实行层层监督，严格考核；通过明察暗访、季度督查、意见反馈、相互抽查、年度考核等多种形式，推动农村污水治理监督考核工作落到实处；农村污水治理工作与各项创建、考评、竞赛等工作紧密结合起来，开展定期或不定期的检查，加强监督力度。对管理不善、保洁较差的村公开曝光和通报批评，每个村的监督考核结果与年终考核补助资金挂钩。年度考核成绩列入干部年度绩效管理评价体系和乡镇文明建设考核加减分项目。

104　农村生活污水治理宣传推广途径有哪些？

要改变农民长期形成的不良生活习惯，需要持久的宣传、教育、引导和管理。(1) 广泛宣传，提高认识。充分利用广播、电视、报刊、网络、微信公众号、宣传册、宣传标语等，开展多层次、多形式的舆论宣传和科普教育，丰富人们的环境科技常识，加强环境基础教育，使村庄环境保护知识深入人心、家喻户晓。(2) 充分发挥村两委和党员先锋模范带头作用，积极组织开展“改陋习、树新风”健康教育活动，着力培养农民良好的卫生习惯，自觉养成文明健康的生活方式。(3) 定期组织村民参加环境卫生集中整治活动，自己动手美化生活环境，努力营造大家动手、人人参与的良好氛围。(4) 开展农户环境卫生评比活动，建立对环境卫生文明户的奖励机制，发挥榜样的示范带动作用。(5) 中小学开设环保、健康教育课，加强对青少年环卫意识的培养，通过“小手牵大手”活动，带动家长去改变不良的生活习惯。

105 媒体在农村污水治理中可以发挥哪些作用？

农村应充分发挥媒体的宣传和监督职能，通过广播、电视、报纸、刊物、微信公众号等多种媒介，及时对农村污水污染事件进行曝光，实时跟踪污水防治相关部门的态度和行动，督促相关部门及时治理农村污水。

媒体及时报道污水治理进展情况，准确公告水环境状况，结合世界环境日、世界水日等节日，开展多层次、多形式的舆论宣传和科普教育，向群众传播污水防治相关知识。开设污水防治相关广播电视节目专栏，开通微信公众号平台，有计划、有针对性地推送农村污水防治科普常识及报道，宣传农村污水治理的重要性，增强公众保护环境意识，形成全社会保护水体环境的常识。

开展农村环保讲座进村、进户、进学校活动，定期邀请水环境保护专家为公众、学生讲授农村污水防治基本常识，对最新污水治理相关政策、法规、标准进行解读，对公众关心的热点、难点问题进行解答。

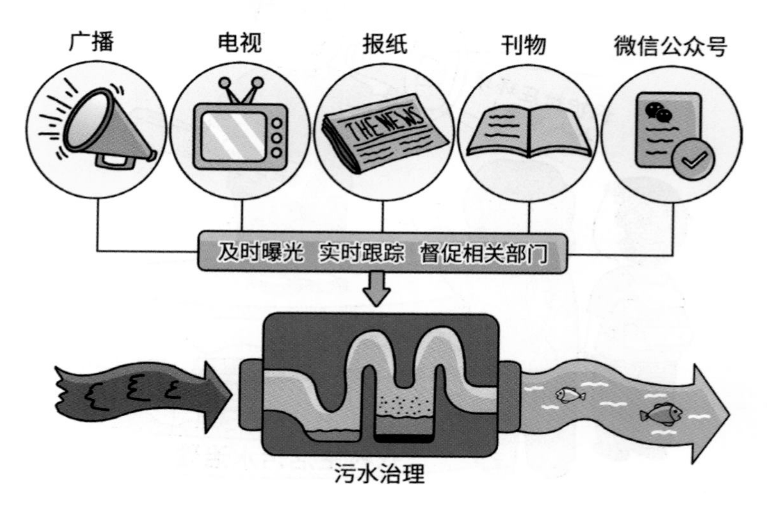

106 我能为农村生活污水减量做什么？

（1）洗菜时先拣后洗，洗菜前先抖去菜上的浮土，然后再清洗，这样可以减少清洗的次数，也能起到节水效果。（2）在水龙头上安装流水控制器，可以节约大量用水。（3）在自家水龙头旁贴上“请注意节约用水”的标语。告诉全家成员，在洗蔬果、洗手绢、刮胡子时，不应让水龙头一直开着。（4）外出时拧紧水龙头。（5）切勿长时间开水龙头洗手、洗涤衣服或洗菜。（6）洗车时应该先擦后洗，而不是用水管冲洗后再擦。

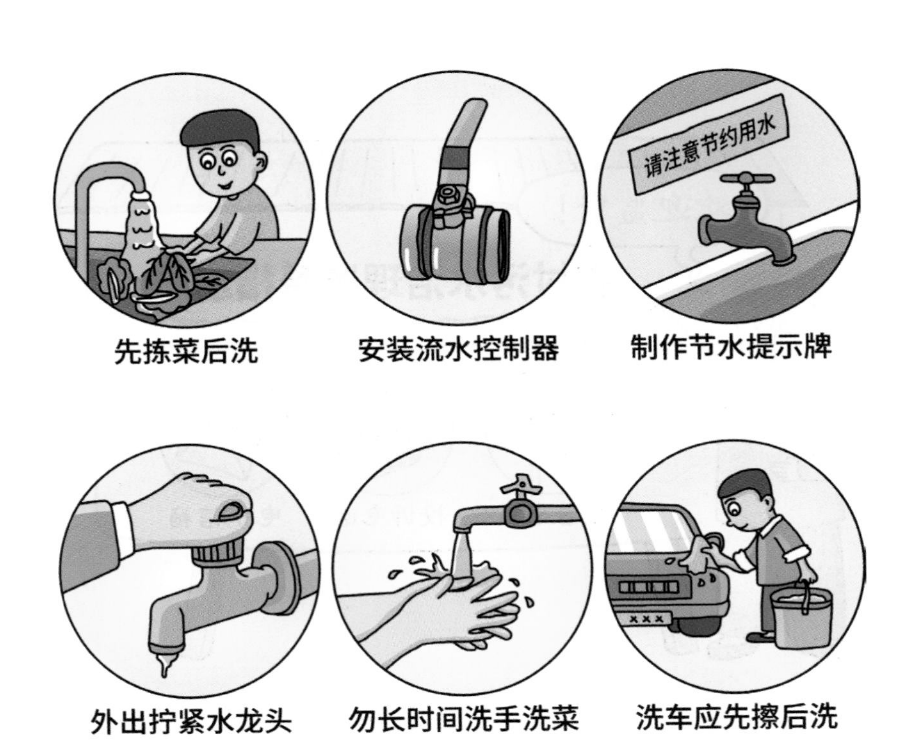

107 你可以监督水体污染吗？

可以。“市、县、村”三级设立农村污水治理监督指示牌，向村民公布“市、县、村”三级联系人员名单、监督举报和投诉电话、电子信箱，村民发现污水污染问题，可及时向各级相关部门反映情况。接到举报的部门应当及时调查处理。对在村庄污水污染防治中做出突出贡献的单位和个人，按照国家有关规定给予表彰和奖励。

108 发现污染，可以向谁反映？

发现水体污染后，首先应明确具体的投诉对象，明确具体的事发地点，具体的环境污染和生态破坏的行为，然后可通过以下方式反映：

（1）拨打环保热线12369投诉；（2）向乡镇人民政府反映；（3）向县级以上人民政府环境保护等有关部门举报。

109 什么是“12369”环保举报热线？

“12369”是全国统一的环境保护举报热线，根据中华人民共和国生态环境部《环保举报热线工作管理办法》设立：“公民、法人或者其他组织通过拨打环保举报热线电话，向各级环境保护主管部门举报环境污染或者生态破坏事项，请求环境保护主管部门依法处理”。

“12369”环保热线24小时畅通，执法队伍接到举报迅速出动，及时处理环境违法案件，接受社会检验。社会各界及广大群众在向环保部门举报环境污染问题时，可根据环境污染事件的发生地点向辖区环保局或“12369”市指挥中心举报。群众也可以通过“12369”网络举报平台、“12369环保举报”公众号等途径进行环保举报，实时查询已投诉事项的办理情况。

110 “12369”环保举报热线的受理范围有哪些？

为了加强环保举报热线工作的规范化管理，畅通群众举报渠道，维护和保障人民群众的合法环境权益，根据《信访条例》以及环境保护法律、法规的有关规定，开通环保举报热线“12369”客服电话。该热线对群众的有效环境举报承诺做到“有报必接、违法必查、事事有结果，件件有回音”。“12369”环保举报热线的受理范围包括：

（1）大气

工业废气污染：不正常使用大气污染防治设施；擅自拆除、闲置大气污染防治设施的；工业企业烟囱冒黑烟；工业废气超标排放；排放工业粉尘。

汽车尾气污染：柴油车尾气冒黑烟、在用机动车尾气排放超标、非道路移动机械尾气污染。

锅炉烟尘污染：企事业单位的锅炉烟囱冒黑烟、锅炉排放烟尘污染。

餐饮油烟污染：餐馆未加装油烟净化设施、油烟净化设施未正常使用、油烟净化设施闲置等。

（2）噪声

工业噪声污染：企事业单位生产加工过程中设备噪声；社会生活噪声污染：加工、维修、餐饮、娱乐、健身、超市及其他商业服务业生产经营活动中使用的设备、设施产生的噪声。

（3）固体废物

工业固体废物污染：擅自倾倒、堆放、丢弃、遗撒工业生产活动中产生的固体废物；擅自关闭、闲置或者拆除工业固体废物污染环境防治设施、场所；危险固体废物污染：违规处置电子废物、医疗垃圾、废机油等危险废物。

（4）水体

向国家一级保护区水体排放污水、废液、倾倒垃圾、渣土和其他固体废物的；工业企业产生废水未经处理直接排放的。

REFERENCES

—— 参考文献 ——

福建省市场监督管理局，福建省生态环境厅，2020. 福建省出台《农村生活污水处理设施水污染物排放标准》[J]. 给水排水，56(1): 72.

高峰，李明，2018. 生物转盘工艺在农村污水处理中的应用研究[J]. 中国资源综合利用，36(1): 56-58.

贵州省生态环境厅，贵州省市场监督管理局，2019. 贵州省《农村生活污水处理设施水污染物排放标准》发布[J]. 给水排水，55(10): 121.

黑龙江省生态环境厅，黑龙江省市场监督管理局，2019. 黑龙江省首次发布《农村生活污水处理设施水污染物排放标准》[J]. 有色冶金节能，35(5): 60.

侯立安，席北斗，张列宇，2019. 农村生活污水处理与再生利用[M]. 北京：化学工业出版社.

胡智锋，叶红玉，孔令为，等，2016. 农村生活污水治理设施运营管理对策研究[J]. 环境与可持续发展，675 (1): 38-40.

黄琼瑜，2012. 浅谈我国农村生活污水分散式处理模式[J]. 广州化工，40 (23): 115-116, 123.

辽宁省生态环境厅，辽宁省市场监督管理局，2020. 辽宁《农村生活污水处理设施水污染物排放标准》2020年3月实施[J]. 给水排水，56(1): 124.

林明，李建，骆灵喜，等，2017. 人工快渗一体化设备在农村污水处理中的应用[J]. 环境工程，35 (5): 44-47, 72.

刘海玉，洪卫，席北斗，2019. 农村污水处理实用技术[M]. 北京：中国建筑工业出版社.

刘金苓，李婉文，刘京，等，2020. 庭院人工湿地在农村污水处理中的应用及前景[J]. 水处理技术，46(4): 16-19, 25.
楼宇锋，洪庆松，王礼敬，2019. 农村生活污水处理现状及回用探讨研究[J]. 有色冶金设计与研究，40(6): 99-101.
吕晶晶，窦艳艳，张列宇，等，2018. 改良土壤渗滤系统处理高氨氮废水强化脱氮研究[J]. 中国给水排水，34(9): 66-69, 74.
吕晶晶，窦艳艳，张列宇，等，2018. 改良型土壤渗滤系统处理生活污水脱氮除磷[J]. 环境工程，36(3): 38-43.
吕晶晶，张列宇，席北斗，等，2015. 人工湿地中水溶性有机物三维荧光光谱特性的分析[J]. 光谱学与光谱分析，35(8): 2212-2216.
上海市市场监督管理局，2019. 上海市《农村生活污水处理设施水污染物排放标准》正式颁布[J]. 给水排水，55(7): 75.
申向东，2019. 生物转盘工艺处理农村生活污水的试验研究[D]. 郑州：华北水利水电大学.
时珍宝，吴伟峰，严寒，等，2019. 上海市《农村生活污水处理设施水污染物排放标准》解读[J]. 净水技术，38(9): 1-5, 11.
四川省生态环境厅，四川省市场监督管理局，2020, 四川《农村生活污水处理设施水污染物排放标准》1月1日起实施[J]. 给水排水，56(1): 119.
孙磊，向平，张智，等，2020. 潜流-表流复合人工湿地处理超低TN含量废水[J]. 水处理技术，46(4): 97-101, 105.
王刚，刘春梅，赵雪莲，等，2019. 缺氧接触氧化/生物转盘组合工艺处理农村生活污水[J]. 中国给水排水，35(19): 99-104.
王刚，刘春梅，赵雪莲，等，2019. 缺氧接触氧化/生物转盘组合工艺处理农村生活污水[J]. 中国给水排水，35(19): 99-104.
席北斗，2016. 我国村镇生活污水排放标准制定技术探讨[J]. 给水排水，52(7): 1-3.
徐慧娟，胡啸，何云，等，2015. 强化农村生活污水处理设施管理的思考[J]. 中国人口资源与环境，S1: 208-210.

易斌，张远航，2018. 农村环保知识问答[M]. 北京：中国环境出版集团.
余芃飞，胡将军，张列宇，等，2015. 多介质人工湿地提升再生水水质的工程实例[J]. 中国给水排水，31(4): 99-101.
曾维，2019. 农村生活污水处理设施排放标准选择及问题概述[J]. 山东化工，48(11): 189-190.
张列宇，王晓伟，席北斗，2014. 分散型农村生活污水处理技术研究[M]. 北京：中国环境出版社.
张尊举，董亚荣，王朦，等，2020. 填料生物转盘对农村家庭生活污水的处理[J]. 水处理，46(2): 120-123.
郑航宇，2018. 分散式农村污水一体化处理工艺设备与其应用研究[D]. 沈阳：沈阳工业大学.
中华人民共和国生态环境部，2018. 中国生态环境状况公报[R]. [2019-05-29]. http://www.mee.gov.cn/hjzl/sthjzk/zghjzkgb/201905/P020190619587632630618.pdf.
国家统计局，2019. 中国统计年鉴[M/OL]. 北京：中国统计出版社. http://www.stats.gov.cn/tjsj/ndsj/2019/indexch.htm.
Dawen Gao, Qi Hu, 2012. Bio-contact oxidation and greenhouse-structured wetland system for rural sewage recycling in cold regions: A full-scale study[J]. Ecological Engineering, 49: 249-253
Jun Chen, You-Sheng Liu, Wen-Jing Deng, et at., 2019 Removal of steroid hormones and biocides from rural wastewater by an integrated constructed wetland[J]. Science of The Total Environment, 660: 358-365.
Rajendra Prasad Singh, Wei Kun, Dafang Fu, 2019. Designing process and operational effect of modified septic tank for the pre-treatment of rural domestic sewage[J]. Journal of Environmental Management, 251: 109552.
Tao Wang, Bo Zhu, Minghua Zhou, 2019. Ecological ditch system for nutrient removal of rural domestic sewage in the hilly area of the central Sichuan Basin, China[J]. Journal of Hydrology, 570: 839-849.

Xi Li, Yuyuan Li, Dianqing Lv, et al, 2020. Nitrogen and phosphorus removal performance and bacterial communities in a multi-stage surface flow constructed wetland treating rural domestic sewage[J]. Science of The Total Environment, 709: 136235.

图书在版编目（CIP）数据

农村污水处理政策与知识问答/侯立安，席北斗，李晓光主编．—北京：中国农业出版社，2020.1（2020.10重印）
ISBN 978-7-109-26425-0

Ⅰ.①农… Ⅱ.①侯… ②席… ③李… Ⅲ.①农村-污水处理-中国-问题解答 Ⅳ.①X703-44

中国版本图书馆CIP数据核字（2020）第002120号

中国农业出版社出版
地址：北京市朝阳区麦子店街18号楼
邮编：100125
策划编辑：刁乾超　李昕昱
责任编辑：刁乾超　李昕昱
版式设计：李　文　　责任校对：吴丽婷　　责任印制：王　宏
印刷：北京缤索印刷有限公司
版次：2020年1月第1版
印次：2020年10月北京第2次印刷
发行：新华书店北京发行所
开本：880mm × 1230mm　1/32
印张：3.5
字数：180千字
定价：25.00元